每日之食都出自双手所栽……

日出而作……随着晨光、鸡啼声下田，

住在田中央！
农夫、土地与他们的自给自足餐桌

18种从农生活，50种亲近自然的美好实践

好吃编辑部 编著

湖南科学技术出版社

"土地，是我们的老师，更是一切生活的源头！"
在台湾有一群与土地为伍，天天学习生活里每件新鲜事的人，
从农之后的日常，比从前快乐百倍！

他们种果蔬、做料理，甚至设计自己的住屋，与好友结伴组农场、
推广农村。土地带给他们的一切，是身心的完全满足。

目录 CONTENTS

| 自种自吃　乐农家庭 |

与土地紧密相连的乐农家庭，他们住自己设计的房子，

后院则是成片的鲜摘蔬菜箱！

小孩天天在自家后院学习"田间自然课"、吃天然蔬果。

他们手作有机新鲜食物喂养孩子，

让小狗在野菜园里奔跑嬉戏，与好友、家人一块儿亲密生活！

鱼菜共生，鱼菜养一起的环保农夫

常在日本节目上，看到日本人构筑自给自足生活，凡事从无到有，种菜、筑农舍都自己来。在南投八卦山上，也有一处这样的家庭兼农场，用"鱼菜共生"系统种蔬果、养鱼亲虾，连住屋水电都是环保设施。这家人过着与地为伍的乐农生活。

文／萧歆仪　摄影／王正毅

科技结合农业，有环保思想的新农夫

初见长相斯文、穿着格子衬衫的农场主人——萧志欣先生时，从他的外貌及谈吐看来，他俨然是位有学术涵养的大学教授，实在很难想象他从农的样貌。萧大哥本来从事空调工程的工作，同时也是大学育成中心的专案经理，以往的生活忙碌紧凑、身心劳累。在历经台湾9·21大地震的变故后，他便下决心要回老家南投，建一座能够供应全家生活的农场。

曾接触过农业部门"漂鸟计划"的他，10多年前就观摩过许多有机农场、农田，而为了回乡，他开始研究如何种植蔬果，尝试过水耕、盆种、网室等多类种植方式，也尝试了不少新作物，而且试着了解国外曾流行的"植物工厂"。由于用LED灯代替日照种菜，成本要增加5倍以上，而且长成的蔬菜味道也不浓厚，萧大哥便转向研究"鱼菜共生"系统，来种一年产季较长的玉女小番茄，夏季还会种网纹哈密瓜和小黄瓜，同时还能养鱼养虾。

对空调设备、绿色能源有着充分了解的萧大哥，很有研究精神，他在网络上多方寻找资料后，就与太太开始架设备，从小的共生系统开始做起，尝试着种小番茄等蔬菜及草莓等水果，2009年后开始扩充设备，应用在农场中。

鱼菜共生，绿色能源种蔬果

　　所谓"鱼菜共生"，是将"水耕栽培"与"水产养殖"这两项系统结合，各取优点并做互补。用一个鱼池养鱼，鱼池四周则可种蔬果、香草、香料植物，用养鱼时产生的废水，透过麦饭石过滤之后，再加入硝化菌，转化掉水中的有毒废弃物（氨），让水变成可灌溉植物的含氮水。

　　而植物根部本身就是过滤器，能滤掉水中的杂质、硝酸盐等，再转变成自体所需的养分。由于废水变成了有用的灌溉水，自然大大减少了种植时的用水量，用含氮水来灌溉蔬菜，就不用再施氮肥，只需补充含磷、钾较高的有机肥即可。

↓鱼池四周就是盆种蔬菜、香草的好地方，种类繁多

在农场里，这样鱼菜共生的系统有好几处，主要是户外的鱼池区域和温室里最后面的"虾公寓"，在农舍后方也有一小处正在建造该类系统。这些共生系统有的已经做得很稳定，有的仍在试验阶段，而在未来萧大哥还会尝试养不同的鱼种或虾类，渐进式提高经济价值。

看起来含藻丰富的鱼池里，约有5年没换水，造就里头的物种非常丰富，有大尾的鲤鱼、总统鱼、草鱼，还有四周一盆盆的香草、香料植物、蔬菜等，这些植物都很茂盛，随手摘一些就能做日常料理。

一开始，萧大哥先试验网室，后来才改做温室栽培，种起果味浓厚、甜味自然的玉女小番茄，平日除了要在炎热的温室里照料小番茄、小黄瓜，还要维护鱼池的水质和含氧量等，要顾的地方其实还真不少。

↑温室里的玉女小番茄和鱼池四周的香草都长得欣欣向荣

5

吃黑糖与黄豆长大的冻顶小番茄

　　对于照顾娇嫩、易患病虫害的小番茄，萧大哥有特别的方法。小番茄除了喝含氮水，还要吃自制液肥，才能体质优良、结结实实地长大！萧大哥说，要做液肥，先要在臭氧杀菌的过滤水里加入浓稠的黑糖蜜，再倒入"氮原"，即非转基因黄豆打成的豆浆，之后再加入木霉菌（一种真菌）或枯草杆菌（一种细菌）；整桶液肥放两周后，液体表面就会有一层菌丝，发酵完成后就可以拿来用了。因为吃品质好的液肥，植物体内的有益微生物变多，作物自然就会漂亮。

　　长成的小番茄，萧大哥会等它们确实在枝头上成熟了，表面没有明显纹路后才采收，这是决定小番茄好吃与否的收成秘诀。两座温室里的网架，都是萧大哥与太太玫燕姐两个人自己慢慢架设的，网架面积非常大，想想都觉得非常辛苦。

走到温室最后方，可以看到几个叶子已枯黄的区域，玫燕姐说，那都是得病的小番茄，虽然对这些病株的照料都费时费心了，但为了其他区域的安全着想，也只能断根处理掉200多株。

由于有机种植不用药，平时为了保护小番茄，萧大哥多采用物理方式阻隔病虫害，注意太阳光照、用臭氧消毒等。但有时仍有突发状况，前一晚小番茄们都好好的，隔天起来却整片患病了，基于"看天吃饭"，也只能当作上了一堂课，借此聊以自慰，所以要成为能自力更生、顺应天气的农夫，完全不是一朝一夕的容易事。

↑萧大哥与太太都是亲自做采收，才能过滤掉已爆开的果实，或避开还未成熟、表面仍有明显纹路的小番茄

田间自然课

"虾公寓"养出味美鲜虾

温室尽头，设了几处水族箱，近看之下才发现，这就是小型的鱼菜共生系统，萧大哥用它们来养虾。一区一区的，被他和孩子们昵称为"虾公寓"，从水族箱里捞起来的虾非常有活力，与外面鱼池养殖的鱼一样无毒、放心。

与鱼池共生原理相同，虾的排泄物、吃剩的残饵同样借由作物的根过滤，过滤后的水再拿来浇灌旁边种的莴苣、小黄瓜、高丽菜等。玫燕姐和女儿在一旁采收多种蔬菜，每个都是新鲜又健康。萧大哥聪明地运用最少的水资源，供应整座农场的灌溉用水，同时收获鱼虾与蔬果，的确是将科技与农业相结合的环保农夫。

乐农家庭 We are farmers!

从无到有，实现对身心有益的天然生活

要实现自给自足，除了种作物、养鱼养虾，大哥还设计绿色农舍，将厨余垃圾做堆肥、将落果残蔬喂鸡等，能减少一分资源浪费是一分。农场里的农舍屋顶，就是特别加装的太阳能板，让光波照在半导体上，有阳光的日子进行蓄电，也不再担心会临时停电。而农场里的落叶、果皮、菜叶、吃剩的虾壳等，都埋入土中变为养分回归给大地，卖相不佳的小番茄则会搜集起来变成孔雀的饲料。

以前因为工作过忙而身心俱疲的萧大哥，自从回乡务农后，生活步调慢了，原本健康亮起了红灯的身体，也随着正常过日子、吃天然食物调回到了最

➜温柔的玫燕姐对孩子们的田间食育、手作饮食，总是不遗余力

→给小朋友上自然课，一双儿女对于爸爸的生动讲解都很感兴趣

佳状态。与先生同心、一路陪伴的玫燕姐，除了同进同出做农务，还为家里添了两个活泼可爱的小宝贝。两个孩子从小接触农场里的植物、动物，而爸爸正是他们最称职的自然课老师，带他们认识、触摸土地里的一切。两个孩子不仅热爱大自然，常在农场里玩得不亦乐乎，对于蔬菜水果也来者不拒，有些孩子不吃的小黄瓜、番茄，他们都是一口接一口地吃着。

借由着归乡，学习与自然相处，萧大哥一家人在这里落实对身心、对大地都有益，而且正向循环的理想家庭生活，他们多年来努力的成果，就像自种的小番茄一般甜美动人。

↑农场里的孔雀、鸡都吃有机食物，羽毛丰厚又漂亮；用餐剩下的厨余垃圾就是最营养的堆肥来源

跟着农夫吃

简单做就能尝到清甜滋味

一同来看看安安家的天然餐桌，烹煮的全是农场里的好蔬果，有料理执照的玫燕姐从小让孩子们常吃蔬果，养成了他们不挑食的好习惯。

苦苣煎蛋

在农场里与鱼共生的苦苣，是很健康的蔬菜。虽然带有苦味，但只要将它切碎混在蛋液中，就能让小朋友也顺利吃光咯。

食材

苦苣数把、鸡蛋2枚、盐少许、油少许

做法

将苦苣洗净，用剪刀剪碎备用，接着取一个碗打两枚鸡蛋，加入苦苣碎及少许盐拌匀。平底锅中加点油，倒入刚才拌好的蛋液，煎蛋至金黄即可关火。

真心好食材·苦苣

苦苣又称苦菜、菊苣，味道微苦，但是对肝和胃相当有益，是一种药用植物。有文献记载，苦苣对于治疗眼疾也有不错的效果。

小番茄炒豆腐蛋

一般都是用大枚番茄来炒蛋，但其实用小番茄来炒蛋，味道也很好，滋味偏甜，再加上农场里的番茄都是有机的，味道绝佳。

食材

有机小番茄数枚、豆腐1块、鸡蛋1枚、葱半根、油少许

做法

平底锅里加点油，先煎豆腐，待表面微黄后，放入切对半的小番茄一块儿拌炒。稍滚之后，打1枚鸡蛋与锅中的食材拌一下，蛋熟之后再撒上葱花即可。

真心好食材·有机玉女小番茄

吃黑糖和黄豆长大的小番茄们超级健康，每一枚的含水量都很丰富。采小番茄时，需从蒂头接点的地方轻轻摘下，使采收后的小番茄保持漂亮原貌，也能保存更久。

清炒小黄瓜

　　烹调简单、单纯吃小黄瓜原味的一道菜。但因为农场里的小黄瓜也是吃黑糖和黄豆长大的，品质绝佳，光是清炒的甜度和水分就令人惊艳。

🥣 食材
有机小黄瓜数条、盐少许、油少许

🍳 做法
　　锅中加一点点油，倒入切片的有机小黄瓜直接炒，起锅前加点盐调味即可。

真心好食材·有机小黄瓜

　　小黄瓜是生长超快速的蔬菜，一般农药也用得多，但这里的小黄瓜有机栽种，所以有别于惯行农法能收成多次，即使是放任它长到大黄瓜的尺寸，滋味依然很好且充满汁液。

紫青江菜豆腐汤

　　无添加的一道快速汤，不用特地熬高汤来煮，因为有机菜的甜味渗到汤里就是最健康的天然调味。

🥣 食材
紫青江菜1把、板豆腐1块、盐少许

🍳 做法
　　备一锅水烧开，先放入切小块的板豆腐煮一下，再加洗净的紫青江菜，汤煮开了之后撒点盐淡淡调味即可。

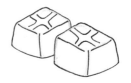

文 / 萧歆仪　摄影 / 王正毅

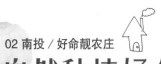

02 南投 / 好命靓农庄

自然种植好命茶和凤梨的乐农家庭

　　什么样的人生才好命？每个人的答案应该都不同。在南投名间，有一处乐农家庭种茶、种菜、种凤梨，几位女子在人生转弯处相遇，决心放下原有的生活，向自然学习，从土地中领悟出好命人生的真谛。

跟大自然学习如何靓心过日

　　南投名间，是茶树与凤梨之乡，来到这里，四处可见成排的茶树与凤梨田。好命靓农庄，也是这里的农户之一，多年前台湾9·21大地震的赈灾服务，让当时回到家乡的阿靓对这片田地有了新的想法，为了这些本地茶树与老欉土凤梨，她决心开始试验有机种植，说服妈妈用更有益环境的方式种田。试验了几年后，少了农药和化肥，田里竟慢慢恢复有鸟有虫的自然生态，渐渐地连萤火虫、蜻蜓和其他小动物们也出现在田间，凤梨也比初种时更好吃。

　　2006年，遇到感情难关的阿靓，正式回到老家落脚，将她过去所学习到的心灵课程与灾后重建工作，化为人生养分投注在这块土地上。在确认要全心全意照顾老家的田、重新过不一样的人生之后，更多了几位好友来相伴，与妈妈一起在农庄生活。

　　好友丸子和御明都是农庄里重要的女劳动力，她们各自在他乡结束不同的人生际遇，来到南投和阿靓一同种茶、种凤梨。她们在农事与自给生活的过程中，学着静下心与自己对话，也因此对于人生有了不一样的想法。

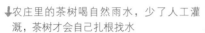
↓农庄里的茶树喝自然雨水，少了人工灌溉，茶树才会自己扎根找水

人生就像凤梨，时酸时甜

带着我们到田里采凤梨、看茶树的丸子，对于田间了如指掌，她还有着做凤梨豆酱、凤梨干的好手艺。这里10多年的老欉土凤梨，除了完全不用农药与化肥，更只喝自然雨水、吃自然液肥，因此每枚凤梨为了生存，拼命吸饱了土地的养分，成长得很结实。

这里的凤梨个头小，但是拿在手中却是沉甸甸的。丸子告诉我们，这里的"冬凤"和"夏凤"滋味有很大不同，尝冬凤时，头甜尾酸有层次，而夏凤甜度则可逼近20！而且农庄里的凤梨，果肉细致，有别于一般凤梨会"割"舌头的困扰，这正是因为种植、给水都顺应自然，所以种出来的凤梨质地佳，口感温润许多。

此外，这里的茶叶也是一绝，六分地茶园每年种出来的茶叶滋味都不同，这是阿靓每年最期待的事。坚持人工手

↑图中就是俗称的一心二叶，阿靓都是请有经验的采茶妇女们手工摘茶

摘一心二叶，冬天做成包种茶、乌龙茶，春天做成碧螺春，夏天则是红茶。而红茶又分好多种，"甜蜜玫瑰"、"四季玫瑰红"等，每种茶做出来的味道都不同，有果香、蜜香或花香等，但茶水皆是美丽的玫瑰红色。阿靓种茶，用了厨余、落叶做液肥，稀释后喷洒在茶树上，茶树同样也是喝自然雨水（旱天才少量给水）。

种茶、种凤梨或许就和人生一样，让植物在自然且不过度保护的状态下成长，它们才会自力茁壮，成就出不同的香气风味，或是有酸有甜的丰富变化。

田间自然课

如何辨认一枚好凤梨，从肉到皮皆可食

走进扎人的凤梨田采收，可要全副武装才行，麻布手套、遮阳帽都不能少。没走几步路，丸子就拾起一枚凤梨给我们看，凤梨底部竟被识货的田鼠咬了一大口！"因为是自然田，所以小动物们自然多咯。"丸子笑着说。"好命凤梨"个头小，所以采收时全都是用手折，看看凤梨底部的折口只有10元新台币大小，这证明了此处的凤梨不吃化肥、不打生长激素，所以凤梨心才小小的，与市售凤梨不同。

选择凤梨时，形状较圆的会比椭圆形的更好，这代表其生长与甜度分布都较均匀，而一般人以为的凤梨头（与叶连结处），其实是凤梨尾，底部才是凤梨头哦。丸子说，若买到正宗的有机凤梨，凤梨皮可要留着，和水一起煮成不会生冷的凤梨水（大枚兑水1000毫升，小枚兑水500毫升），喝凤梨水能促进新陈代谢，加点红枣、枸杞煮茶也很棒。

一旁的茶园和凤梨园一样杂草共生，蜜蜂、蝴蝶飞舞其中，有时小鸟也来凑热闹。丸子一边摘掉会阻碍茶树生长的藤蔓，一边介绍茶树四周可食的野菜龙葵、咸丰草等，采几把回家，晚上就能立即加菜。

 乐农家庭

We are farmers!

亲人与好友的农庄生活

在农庄里，还有位重要的灵魂人物，那就是阿靓的妈妈，笑起来非常可爱的她，是陪伴女儿一路走来的人。改做有机耕作后，阿靓妈妈特别能感受到个中差异，以前喝茶会肠胃不适的她，现在即使饭前喝茶也没问题。

阿靓的"好命茶"有纯净的空气、红土为底，给水限制（给水太快太多的话，会导致营养流失），每年的茶有不同的季节风味，连制茶师也赞不绝口。但不管是以哪种方式发酵或烘焙的茶，其共同特点就是很耐喝，久泡也不易涩。

阿靓邀我们一起品茶时，聊到不少有关茶的知识，茶怎么闻香、怎么喝，用深杯泡茶可以保留乌龙茶香气，冷泡最能留下茶的营养等，也告诉我们自家凤梨加工后的美味，像是果酱、果干，都是纯手工一锅锅熬、一片片烘烤而成的。

农庄里的小农舍，就是加工凤梨的地方，丸子挑了合适的凤梨去叶削皮，再剔除凤梨目，切成0.7~1厘米厚的薄片，放进干燥用的机器中，以40~50摄氏度烘烤30个小时。大伙儿聚在一块儿聊着天，喝着茶，吃着很香的凤梨干，是她们农忙之余最幸福的事。

阿靓与妈妈、好友们一起用爱土地的方式重新改变自己的生活与四周的人，过得满足而踏实，她们从大自然中所领悟到的真理，是任何珍宝也换不来的。

↑做凤梨干或凤梨豆酱需要很大耐心，因为全部纯手工，就像是一种与自己对话的修炼

跟着农夫吃

有妈妈味的茶凤料理

 Healthy eating!

　　好命靓农庄里，最棒的就是茶和凤梨，今天掌厨的御明姐，教我们如何用这两样食材来做暖呼呼的火锅、拌饭、拌面线，还有来自阿靓妈妈的配方，做料理时百搭的凤梨豆酱。

红茶拿铁火锅

红茶拿铁火锅可依据个人喜好调整茶汤浓淡及牛奶分量。如果将牛奶换成豆浆，就变成另一款好吃的红茶豆浆火锅咯。

🍲 食材
排骨1斤、有机红茶叶适量、综合蔬菜适量、菇类适量、火锅料适量猪肉片或鸡肉块适量、水适量

🥘 做法
将排骨先汆烫去血水，熬成高汤备用；另取一锅水，放入装有红茶叶的纱布袋，煮成茶汤（浓淡看个人）。接着煮火锅，红茶汤与高汤以一比一的比例混合当底，煮开后才倒入牛奶，先放不易熟的根茎类蔬菜，再放菇类、火锅料，边吃边汆烫肉类。

红茶糙米饭

用小叶种红茶煮出来的糙米饭，一开锅就有满满茶香，淋上一点有机茶叶炼成的苦茶油，会让香气加倍，既健康又美味。

🍲 食材
有机糙米两米杯、有机红茶叶适量、米适量、苦茶油少许、水适量

🥘 做法
有机糙米洗净，先浸泡3~4小时，接着加入洗好的米、水和干燥红茶叶，用一般煮饭的方式放进电锅煮即可；开锅后，淋上些许苦茶油稍微拌一下。

真心好食材·小叶种红茶

因为是有机栽种的红茶，无农药无化肥，只喝自然雨水，即使浸泡，茶汤也不苦涩，又可促进食欲，所以才能拿来做如此好吃的糙米饭。

凤梨豆酱煎蛋

传承阿靓妈妈配方的凤梨豆酱，是非常棒的烹调帮手，煎蛋煮汤都无比的香。但做凤梨豆酱可不容易，层层叠放的过程特别需要耐心和时间。

食材

凤梨豆酱（果肉和酱汁）适量、香菜少许、蒜半根、鸡蛋两枚、油少许

做法

夹出凤梨豆酱里的凤梨块，切小丁备用。取一碗，打两枚鸡蛋，与凤梨豆酱、香菜碎、蒜一起拌匀，倒入有油的锅中煎至表面金黄。

真心好食材·豆酱

好滋味的豆酱怎么做？用盐、豆酱、有机糖、凤梨一同手工腌渍。用盐腌自家凤梨一两天先去水，再装入干净玻璃罐，以一层糖、一层豆酱、一层凤梨这样的顺序仔细铺满。

苦茶油面线

这道面线的特色是柴烧苦茶油再加上日晒面线，拌点洋葱，更是绝配！这道料理看起来简单，但一尝就难以停下筷子。而且苦茶油顾胃、洋葱益于降血糖血脂。

食材

面线适量、苦茶油少许、酱油膏少许、洋葱半枚、葱1根

做法

洋葱切小丁、葱切成葱花备用，将以上备料和烫好的面线放入大碗中，倒入些许苦茶油、酱油膏拌匀即可。

真心好食材·天然苦茶油

天然苦茶油采用传统低温压榨的方法制成，而且原料是古法柴烧烘焙苦茶籽，最适宜凉拌或是热炒、炸、煎等烹调方式。

文 / 萧歆仪　摄影 / 王正毅

03 台东 / 美地有机农园

造一座宠物可食的原生蔬乐园

做农夫是没有年龄限制没有门槛的职业之一，却特别需要有颗坚毅的心。50岁才开始学当农夫的胡家强大哥，凭着对土地与宠物的爱，在台东关山的小农地，用温室栽了满园的原生蔬菜，那里是他与家人和狗狗们的理想乐园。

原生蔬乐园里的自然课

　　真正有良心的农夫，不只是求生活温饱，而是在种植或对环境的爱护上，更加自觉，更多一份自我要求。在乍暖还寒的初春，我们拜访了怀抱着这般情怀当个性农夫的胡家强，参观了他位于台东关山的一处小农地。清晨，早已起床农作许久的胡大哥，在细雨绵绵的冷天中，身着短袖精神奕奕地带着我们去看他的温室栽培。进入温室，能发现许多平日在市场上不常见的蔬菜，这些都是大哥在此悉心栽种的原生蔬菜，样貌五颜六色，种类五花八门。

　　7座连栋温室里，每走几步路，就能有新发现，就像是上自然课一样。这里有各种常见或不常见的蔬菜，像是甜茴香、苦苣、彩色甜菜、黄色卷心菜、木鳖果、芝麻叶、黑色芥蓝、佛手瓜、板栗南瓜、叶萝卜、日本京都水菜、雷公根、甜罗勒等皆一一出现在眼前。我们问大哥怎么会想要种那么多种菜呢，他笑着说，大概是一种自我挑战吧！

　　胡大哥3年前从高雄来到台东关山，与哥哥辟了这块农地，设计了自己住的农舍，并与曾为教师的太太、活泼可爱的宠物们一块儿在此生活，一切从零开始。由于没有务农背景，为了成为称职的农夫，胡大哥特地到台中农改场学习有机课，四处观摩农场、进行验证，希望自己成为真正的有机农夫，种出对得起自己的安心菜。

宠物也能吃的安心菜

胡大哥的温室是小宠物们很喜欢的地方，特别是边境牧羊犬BOBO最爱跟前跟后，非常捧爸爸的场，各种蔬果来者不拒，吃得不亦乐乎。连狗狗都能食用的蔬菜，是胡大哥的骄傲，因为视狗狗们为宝贝孩子，他特别坚持真正的有机种植。温室里的蔬菜皆为离地种植，平常只使用有机肥和利用残叶落果作肥料，胡大哥用耙子翻了翻土，竟能看到一条条活蹦乱跳的蚯蚓。一般有机质里无法出现蚯蚓，为了保留这些土壤里的好朋友，他坚持不撒苦茶柏，因此，友善土地种植出来的蔬菜都是昆虫觊觎的对象。常常在夜里，有蛞蝓、蜗牛会来光顾，只要一个晚上就将菜叶吃个精光，或是从根部直接啃断。胡大哥淡然地说，有虫没办法，也只能夜里打着灯，徒手一只只抓。

↑温室里就像植物园，作物种类非常之多，胡大哥说得细心了解每一种植物的特性才行

在这里，一年种植的作物超过100多种，蔬菜、水果、香料类都有，因为胡大哥要求自己进行多样种植，同时也提供不同种类的蔬菜给支持自己的客人们。在选择栽种的作物里，大部分生长较缓慢，像是对视力很好的苦苣、发芽率低的紫色卷心菜、抗癌抗发炎的姜黄等，胡大哥不偏好生长快速的一般叶菜类，反而对种植过程的重视大过于冲量赚钱。胡大哥也深信，种植与需求是相对的，若人人都能正视自己的食物来源及种植过程，进行有意识的选择，或许就能改变自己的饮食乃至健康。

↑胡大哥是勤奋工作的绿手指，还会在温室里种玉米

田间自然课

有蚯蚓作保证的有机土&南瓜小斗笠

蚯蚓会出没在充满营养又安心的土壤里，这个区域打算整理的部分，一翻开就有好似活虾的成群蚯蚓，好钻洞的蚯蚓会吃土中的有机物质，再排放出不能消化的沙土。他们会让土壤较松，帮助植物根部好好地吸收水分和土壤养分。这一区的旁边，种的是栗子南瓜，每枚南瓜上方都有一顶纸做的小斗笠，模样十分有趣，这是胡大哥为了防止老鼠们来偷吃香香甜甜的有机南瓜，而细心做好的防护措施。老鼠们的心头好除了南瓜，还有另一成排的佛手瓜，佛手瓜和杂草交错生长着。大哥种出的佛手瓜有的个头甚至比男生手掌还大。

农夫对于小动物们总是又爱又伤脑筋，因为它们的出现代表自己的耕地与作物品质能够让人放心，但是它们总时不时来分一杯羹，着实让人非常头痛。在连栋温室之外，还有种植作物及果树的地方，常有云雀、乌头翁、麻雀四处飞，结伴来这儿聚会吃到饱。胡大哥说也只能让它们随意吃了，要创造出能共存共生的环境，才是对地球最重要的事。

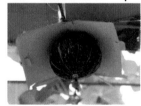

乐农家庭 We are farmers!

宠物们最爱爸爸做的菜

胡大哥家中有两只长耳朵的可卡、一只边境牧羊犬，每天只要到了吃饭时间，宠物们就会热情地围着掌厨的他，用纯真可爱的期待眼神，看着爸爸做菜，等待着看能不能偷吃一口，或趁爸爸不注意时，偷捡掉下来的菜叶品尝。

胡大哥对于狗狗们非常爱护，同时也像对孩子们般教养训斥，他特别在意它们的饮食，会用自家种的蔬菜瓜果和朋友养的安心鸡或是野生鲔鱼，亲手做成鲜食喂狗狗。除了葱姜蒜不让狗狗们吃之外，其他温室里的鲜蔬，几乎全都能拿来当作鲜食原料，像是地瓜叶、狭叶薰衣草、苦瓜、木鳖子叶等。每天吃有机鲜食的宝贝们，不仅毛发顺滑、充满活力，而且连原有的肠道过敏都得到了改善。

↓外国厨师爱用的芝麻叶，味道微苦，咀嚼之后会散发出超浓郁的芝麻香；温室里还种有甜茴香、彩色甜菜、不知名的紫色菇等，种类繁多

当了农夫之后，对食物的需求量反而没那么多，胡大哥与太太通常吃得很简单，一天只有两餐也能精神饱满地下田工作。非常爱做菜的胡大哥，有一个专业的厨房，天然调味料、鲜蔬食材一应俱全，有时候还自己手工做腊肉、做一夜干、腌黄瓜，晾在自家的温室里，或是用甜茴香叶、球根与猪肉和一和，自己包饺子。

来关山3年，胡大哥与太太、宠物们，过着比以前更踏实、满足的日子，虽然从农之路艰辛不易，走真正有机之路更难，但是他仍坚持自己的信念，要做一位有理想、爱环境的良心农夫。

↑生活中所有的一切都自己来，自己造房子、烧焊搭温室，连下厨也不马虎，每一项都是学习

跟着农夫吃
无添加的蔬食烹调

Healthy eating!

很爱做菜的胡大哥，做了平日常吃的简单菜，每一道味道都很棒，他还拿出自己腌的小黄瓜分享，秀厨艺时的最佳观众，当然就是家中的宠物们啰。

酸黄瓜蔬菜卷

非常迷人的一道蔬菜卷，吃得到有机小黄瓜和鲜蔬的水分，无需任何人工酱料来搅和破坏，带着紫苏香气的小黄瓜有画龙点睛之效果。

食材

丛聚莴苣适量、苦苣适量、荷叶莴苣适量、有机橄榄油少许、自家腌小黄瓜半条、玫瑰盐少许、黑胡椒少许、小麦饼皮1张

做法

在干净的平台上倒些橄榄油，先将饼皮擀开，接着在平底锅中加少许橄榄油，让饼皮煎至两面金黄备用。在煎好的饼皮上，放上准备好的莴苣和苦苣、切片的腌小黄瓜，最后撒点玫瑰盐、黑胡椒包起即可。

真心好食材·小黄瓜

大哥做的腌小黄瓜是一绝，紫苏、醋、冰糖和自家的有机小黄瓜一起腌，味道和外面卖的腌黄瓜绝对不一样！单吃或夹生菜配面包、饼皮都非常美味。

清炒时蔬

如果怕菜味的人可以加点米酒去味，与任何你喜欢的新鲜蔬菜一起简单炒，以盐简单调味一下子即可。

食材

有机橄榄油少许、黑茎芥蓝数把（或其他蔬菜）、料理米酒少许、盐少许

做法

在平底锅中倒点有机橄榄油，放入洗净、切段的黑茎芥蓝一块儿炒，之后加些料理米酒去味，加点盐即可起锅。

韭菜炒蛋

这道韭菜炒蛋连不敢吃韭菜的人也能接受，因为是自家有机栽种，所以讨人厌的韭菜味减少许多，虽不是细韭但纤维细致，和有机蛋一起炒非常香。

食材

鸡蛋2枚、有机韭菜数把、有机橄榄油少许、盐少许

先取一碗，将鸡蛋打散，接着在平底锅内倒点有机橄榄油，炒蛋备用。接着放入洗净、切段的有机韭菜一块儿炒，与蛋一块儿加盐拌炒即可起锅。

| 自成一圈　小村生活 |

深山里或平原上坐落着多个小村落，基于对环境的友善共识，

大家联手种稻、种蔬果、做烘焙，手作生活所需，

开书店、筑民宿、办银发族的有机食堂……串联每一个家庭，

形成了自然村、有机村，甚至先住民部落，

自成一处供应彼此生活无虞的乐活之地。

文 / 冯忠恬　摄影 / 陈家伟

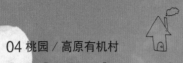

04 桃园 / 高原有机村

长青长寿，乐天知命的客家小村

每天中午，高原村的老人们会聚在一起吃饭，不过，他们吃的可不是一般的团膳，也不是路边小摊的便当，而是厝边邻居你送我一把葱、我采几枚卷心菜给你的"无毒健康餐"。

"自己吃的怎么可能洒农药？"当了16年村长的黄玉琴认真地说着。他们不谈有机、不求认证，但是扎实地活在每日健康无毒的生活里。

长寿乐活有机村

谈到高原有机村，一定得特别提起从1998年开始就当起村长的黄玉琴，这位被不少当地爷爷奶奶称好的村长，一路带着高原村从传统的农业小镇变成了年长者的乐活天堂。

从小在高原长大的黄玉琴，有感于人口外移、人口老龄化等问题，不断地思考要如何"再生"农村。由于乡下地方田地多，不少老人也都有种菜劳动的习惯，加上当地种植有机蔬菜的"良山农场"的大力支持，2009年村长提出了"有机村"的概念，并请从业者与相关人士来辅导当地的爷爷奶奶种健康无毒的蔬菜。

不能用农药，就得做生物防治或自己抓虫；不用化肥，就得自己堆肥。村长安排了一堂又一堂的农业课程，还找村里的畸零地做"长青菜园"，有田的爷爷奶奶就在自己的田里实作，没有田的来"长青菜园"做义工。在"长青菜园"帮忙的詹爷爷就说："村长好严格，没上过课还不能来这里种呢。"

对爷爷奶奶来说，种植本就是劳动与兴趣，知道可以吃得安心又对土地好，大家都愿意学习。而周边不少想要将有机农业规模化的从业者也纷纷来到高原，除了原本的"良山农场"外，陆续又有"云陵农场"、"蔬活农场"、"义和有机茶园"等受到号召，形成了彼此分享的有机氛围。

为他人与自己的老年生活尽一份力

有机农业仿佛一枚种子，一旦撒下，许多没有预期的惊喜便——冒出。村里有300位70岁以上的老人家，其中还有位104岁的人瑞，村长说："在这里养老很幸福，老人都很有尊严。"除了吃的无毒、每天劳动很健康外，中午村里的会所还会给65岁以上的老人提供免费午餐，不但可让大家一边聊天，一边吃饭，还可以分享自己种的作物，爷爷奶奶们常把自己种的好食材带到会所，由会所里的人烹调成一道道佳肴，跟所有人共享。

↑用自己种的大芥菜做客家福菜

为了推崇这种"分享"的文化，会所里不但有一个每天记录谁送了哪些食材的本子，每到中午吃饭前，还会特别朗诵，今天的菜肴是哪一位的贡献。厨房大姐说："我们这里的冰箱总是满的呢，每天送来的东西都来不及吃，今天吃的还是前几天长辈送的。"

但当季食材往常是整个月就那几样，吃腻了怎么办？正好附近还有不少颇具规模的有机农场，村长有时便和他们合作，请他们来教导当季食材的其他吃法，同样是萝卜，就可以变化出萝卜汤、萝卜饭、腌萝卜、萝卜煎蛋或是艾草饭里的萝卜馅料等。

从社区发展出来的人情味与想要好好过生活的态度，使整个高原村洋溢着分享的氛围，即使是有机农场彼此之间，也没有互相竞争的气息，大家都将整个村落视为一个共同体，互享资源、回馈社区，共同耕耘这块"以后大家养老的好地方"。

➔每天写有谁送了什么菜的分享小本

田间
自然课

复育濒临绝种的龙潭莕菜

过去不少客家池塘都有龙潭莕菜，由于水源遭受污染，龙潭莕菜逐渐失去踪迹，当地人发现他们从小常在池塘里看到的水生植物竟然快消失时，便起了复育的念头。

龙潭莕菜和我们平常吃的水莲菜——"龙骨瓣莕菜"长相相似，属于水生植物的一种，但多用于观赏。他们先将龙潭莕菜放在农场内的池子里小心照料，待时机成熟时便放到村里的生态池让其继续生长。由于希望下一代或下下代都能看到他们记忆中的水生植物，当地人都相当支持，而且除了龙潭莕菜外，还有台湾萍蓬草的复育。1933年台湾萍蓬草在台湾的标本记录里消失了，直到1996年才在桃园与新竹的埤塘里被重新发现，而现在在高原村里也可以看到台湾萍蓬草的踪迹。

对高原村的人来说，他们现在所做的每一件事，都不只为了"当下"，他们会往前看到自己年老的时候，也会往后看到自己的下一代。他们推翻惯行农法，朝着比较进步的有机农法走，给老人家与自己吃安心的食物；他们复育当地濒临绝种的植物，给下一代可以亲眼见到、亲手摸到的机会，这些田间哲学，充满着丰厚的人文情怀与对土地和人的关心。

乐农好友

We are farmers!

高原有机村的乐农好友

在高原累积了一股有机的能量，除了个人吃健康的自种食材外，也有不少有机农场一起参与。

云陵有机农场的徐白玉就趁着爸爸决定不种菜后，接手起原本的惯行农法菜园，转作有机，现在0.8公顷的土地，里面有白凤菜、蒜苗、青葱、彩椒、火龙果、丝瓜、青花笋等各种蔬果。

由于大白菜虫害严重，用生物防治也无效，有机种植的难度相当大，见到被虫吃得很严重的大白菜，徐白玉笑笑说："从种有机到现在，我从没卖过大白菜，这批就是用来养虫的，还真的有效呢，你看，旁边的菜被吃的就比较少。"

徐白玉说自己受到村长的感召，开始种有机，到处去上课后，发现这不但是对自己与他人好，也是对土地友善，她说这是人生中很大的收获，她还打算继续努力地做下去。

蔬活有机农场的吴贵盛，从小就是农家子弟。他说小时候每到放学后同学跑出去玩的时候，就是他们得帮忙务农的时候，因此毕业后他一点都没想要务农，反而跑去做汽车业务，没想到转了一圈后，发现自己还是喜欢家乡。回乡后吴贵盛先开了一间餐厅，由于希望顾客吃得健康，便跟附近最资深的良山农场拿菜，后来农场主人便直接建议他，要不要自己也来种种看，于是，吴贵盛便经营起自己的蔬活有机农场来。

他说，这其实是一种生活方式的选择，虽然身体劳累，但精神与心情却很放松。有几次在田里工作到鸡啼，他也想过为什么要这么累？后来发觉那其实是自己想要的生活，而且夜晚无人的田园里其实热闹无比，各种蛙类、鸟类都来陪伴，唱着一曲又一曲悦耳的交响乐。

除了种植有机外，吴贵盛也想把牛耕文化找回来。他说："用机器除草耗油、声音大，气味又不好闻。"所以他会先让小牛仔——"阿弟牯"上场，减少除草机的使用时间。

另一位70岁的詹爷爷，因为自己无田地，所以会到村里的长青菜园里帮忙，原本住关西的他，特意搬到高原来，他说每天在这里"吃健康"、"种健康"很快活。

↑不只有机农耕，吴贵盛也希望可以保留传统的牛耕文化

←蔬活有机农场特别种植的"彩虹菠菜"

↑用来专给虫子吃的大白菜

跟着农夫吃
健康长寿的客家好菜

Healthy eating!

　　今天吃什么？全由爷爷奶奶又带来了什么自己种的无毒蔬菜来决定。正值萝卜采收季，客家人最爱的萝卜饭一定得上场，如果担心煎得不够健康，那就加入满满的蔬菜熬煮吧！

麻油炒油麦菜

麻油加入油麦菜一起炒，比清炒多了一种滋味，但因油麦菜易苦，建议不要翻炒太久，且得趁热吃哦。

食材

油麦菜适量、麻油适量、盐适量、姜少许

做法

先用麻油爆姜，待香味溢出后，放入油麦菜拌炒，最后加盐调味即可。

干煎豆腐

附近老街旁的手工豆腐，先用油煎出香味，再让酱油渗入，一口咬下感受到的全是温润，很适合配饭，清爽又可口。

食材

豆腐适量、香菇适量、甜荷兰豆适量、胡萝卜少许、酱油少许、盐适量、水适量

做法

先将豆腐下油锅干煎，放一旁备用。香菇切丝爆香，加入酱油、盐水一起煮滚，再将豆腐放入烩煮，煮到汁液稍微收干即可。荷兰豆另外炒，直接放上配色。

萝卜饭

客家人的拿手绝活．萝卜用的当然是自己种的无毒萝卜，且加入一点地瓜粉增加Q度，萝卜味浓郁．简单煎一下就好吃。

🍋 食材
半山米10斤、白萝卜30斤、地瓜粉2斤、盐6汤匙、香油4汤匙、胡椒粉8汤匙、水适量

🥄 做法
半山米洗净浸泡4小时后，将米磨成浆，用脱水机将水分去除；白萝卜削皮搓成丝后放入电锅里蒸到微微透明后冷却，把米浆和白萝卜充分搅拌并放入调味料。直到两者融合后，放到容器里蒸2.5小时即可。做好后放入冰箱冷藏可保存一个礼拜，需要时随时煎一下即可。

煮萝卜饭

做好的萝卜饭可煎、可炸、可煮。煮的时候可随性放入自己喜欢吃的蔬菜，都会有一种丰盛的满足感。

🍋 食材
萝卜饭1块、香菇少许、胡萝卜适量、芹菜梗少许、卷心菜适量、盐适量、水适量

🥄 做法
香菇、胡萝卜切丝，芹菜梗切段，一起放入油锅爆香后拿起。卷心菜另外炒，并另煮一锅水将萝卜饭放入，最后再将所有蔬菜一同放入煮一下，加点盐调味即可。

05 桃园/嘎色闹有机共同农场

互助共生，深山里的绿色部落

　　沿着罗马公路行驶在蜿蜒的山径间，在桃园复兴乡的深山里与热情的部落朋友相遇，他们带领着我领略山林之美，分享部落文化。原来，有机生活的实践，早已深植在先住民智慧中，只是在社会形态转变中逐渐被遗忘，所幸，还有人努力不懈担负起传承重任……

遇见嘎色闹，在最角落的地方

你一定曾经到访过少数民族部落，但是否都仅止于路过，而从未深入了解部落特有的历史文化背景呢？这仿佛入宝山而空手回，只看见外在表象，而遗漏了深藏其中的无价瑰宝，总是带有那么点小遗憾。

可喜可贺的是，近年来，在各地政府机关鼓励发展城乡特色的政策下，许多深山部落里的有志之士们，开始致力于推广家乡产业，并以传统的先住民文化为亮点，成功吸引到许多外地人的目光，将人潮带入部落，创造了新兴的产地观光潮流，这也让人口外流严重的部落，重新注入了阵阵活力。

位于桃园复兴乡深山里的嘎色闹，就是一个静待你去探访的泰雅部落，从罗马公路51.8千米处转入产业道路，往上坡行驶大约15分钟就可以抵达幽美静谧的嘎色闹。

在泰雅族语中，"嘎色闹"有许多含义：一为"芬芳"，二为"云雾之乡"，三为"榕树"，四为"他方移民暂居之所"。而部落里的人们觉得最贴切的解释则是"最角落的地方"。因为早年部落里完全没有开通通向外界的道路，人们外出只能走山间狭窄的石子路，连邻近的其他部落都不一定知道山上还有这么一个部落存在，一直到30多年前开通如今这条铺有柏油的产业道路，这个鲜为人知的少数民族部落才开始渐渐受到外人注意。

牧师领头，共创部落新气象

嘎色闹部落如今由大约30户人家组成，居住总人口不到100人，由于社会形态的改变，部落里的小孩在初中或高中开始就必须陆续离开家乡到外地就读，毕业后多半也因故乡缺乏就业机会而留在城市里工作，于是传承产生了断点，年轻人对部落的文化与母语不再熟稔，虽然返乡的道路日益方便，但距离却仿佛是更远了。从小在部落里长大的Hakaw Utaw在神学院毕业后，返回家乡的教堂任职，目睹了部落里的年轻人不断离乡，他的忧愁和无奈常挂于心，而后HaKaw牧师虽调往其他山区教堂服务，但对故乡的牵挂依旧不变。终于，在2005年出现一大转机，长期关注偏乡发展的世界宣明会投入资金与指导，协助嘎色闹部落发展社区产业，并于2007年正式成立嘎色闹产业发展协会，由Hakaw Utaw牧师担起领头羊的理事长重任，希望部落在发展产业经济的同时，让更多年轻人得以回乡就业，并传承泰雅族先住民传统文化。

为了让土地能可持续利用，Hakaw牧师在8年前开始在部落中推广种植有机蔬菜，率先无偿提供家族土地来耕作，经过不懈的努力，终于在2011年取得有机认证。有了有机农场作为后盾，牧师与族人亦同步思索如何加强部落旅游观光的丰富度，于是就在从前狩猎的山上开辟出一条体验版的狩猎步道，由部落中擅长狩猎的长辈崭露猎人秘技，设下各式各样的陷阱，通过这些陷阱的智慧与步道中的植物生态，引领游客认识先住民的生活和文化，这不但让外来游客啧啧称奇，也使年轻一辈的族人有学习这些技艺的机会。

↑姑婆芋叶随手一折，就是现成的汲水容器

↑每个泰雅猎人上山狩猎时，必备山刀、水与忠犬，敏锐的犬只可查觉周遭危险，是狩猎时的好帮手

集结部落力量的嘎色闹，就像一枚经过雕琢的钻石，璀璨耀眼得让人眼前一亮。有人来到这里可以享受一日乐活之旅，跟着族人的导引在狩猎步道中体会先住民智慧所在，并欣赏居高临下的山峦景致，午间有部落厨房准备的有机风味餐，午后可以动手制作用桂竹做成的泰雅玩具——管蜻蜓，回家前还能到开心农场当小农夫，拔一大袋有机蔬菜回家享用。五感兼具的部落之旅，不但让人品尝有机美味，也能真正地学习到何谓有机生活。

桂竹林的无穷妙用

行驶于罗马公路上时，可见山头上遍布着青翠的桂竹林，细问牧师后才知道，其实桂竹是在台湾分离时期才开始种植的，当初种桂竹的用意并不仅仅是取桂竹笋食用，而是将高耸的桂竹作为建材销售。然而在狩猎步道中，我们看见林间散布了极少数的乌心石树、樟树、牛樟芝、漆树等原生树种，不禁让人有些许怀疑，当初日本人大量推广栽种桂竹的用意似乎并不单纯吧。

如今，桂竹在泰雅族日常生活中的用途已经非常多，除了搭建竹屋，屋内的竹床、竹椅，生活中所需的竹篓、杯具等，都能用桂竹制作，老化的桂竹也能当柴烧，桂竹与泰雅族的生活密不可分。

→将桂竹的竹节打通，就能当作水桶或水管使用

乐农好友

We are farmers!

族人间的共耕生活

　　嘎色闹有机共同农场的运营方式非常特别，族人间不分谁做多、谁做少，每个月的收入都会拆成三份，一份作为农耕材料采购费，一份作为农场运营基金与器材维修保养费，剩下的一份就均分给参与农场耕作的族人。牧师说，这就是嘎色闹的共耕理念，旨在带领更多族人一同参与，而这种不计较的宽阔胸襟，实在让讲究责任归属与利益分配的都市人很难想象，也让人从中反思不少。

　　除了令人钦佩的共耕制度外，先住民的传统文化中分享也是旅程中别具特色的一环。让人印象深刻的是，在步道中遇到漆树时，Hakaw牧师说，由于野漆树会散发漆酚，敏感的人只要靠近就会引发过敏，严重者还可能皮肤红肿痛痒，所以早期族人在森林中看到漆树时，就会对着漆树说句"现在你是Hakaw，我是漆树"，然后对漆树吐一口唾液，代表契约成立，像是盖章拉勾的意思，并希望漆树因此不来侵犯。这个小小的动作，其实潜藏泰雅族对自然万物皆有灵的敬畏与平等心。

随着农场对外开放，原本害羞的部落族人也在一次次与游客的接触中，渐渐有了转变。像牧师的叔叔，他有着一身猎人绝技，拥有丰富的狩猎知识，虽然可以熟练地架设体验步道中的大小陷阱，但一开始却不敢和游客面对面解说，现在却能自在地展现平日的亲切与热情，幽默地讲解各种属于嘎色闹的泰雅回忆。而协会中担任对外行销企划的Ya Hu，原本在都市里当钢琴老师，30岁回到部落后，晚上继续教音乐，日间则致力推广部落观光，这份工作让Ya Hu得到难以用金钱衡量的莫大成就感，也让她重拾生疏已久的母语。

在部落与外地游客的互动中，无论哪一方，想必都各有所得，而且一致的是，通过这些活动，提醒人们不忘对土地的尊重，也让大家以有机生态乐活为目标，爱护这座独一无二的乐园。

跟着农夫吃

野菜与原生态香料结合的豪迈风味

Healthy eating!

　　嘎色闹部落厨房的菜单会随季节变化，是深山里的无菜单料理，由部落里的阿姨、姐妹们一起携手烹煮，以本地食材入菜，色香味俱全，新鲜安全百分百，而且厨房阿姨可都有中餐丙级的执照认证哦！

南瓜沙拉

这道沙拉做法超级简单，以南瓜的香甜决胜负，吃起来清甜爽口，让人忍不住一口接一口，有着令游客念念不忘的好滋味。

食材

南瓜适量、三色豆适量、美乃滋（蛋黄沙拉酱）适量

做法

南瓜洗净去籽、切块，放入蒸笼或电锅中蒸至熟软，取出冷却；三色豆依同法蒸熟，取出冷却。将冷却的南瓜和三色豆加入适量美乃滋拌匀即可。

马告土鸡

在部落中放养的土鸡，肉质结实，滋味鲜甜，加入结合胡椒与姜两者香气的马告（山胡椒），清香中有着去腥解腻的天然效果。

食材

土鸡1只、马告适量、盐适量

做法

煮一锅沸腾的水，水量要可以盖过土鸡，放入土鸡上下拉提3次，煮至水再沸腾，转小火煮约15分钟，熄火，盖上锅盖焖约半小时，取出后在鸡身和腹腔内抹上盐和马告粒，待冷却后即可剁块食用。

焖桂竹笋

四月是嘎色闹桂竹笋盛产期。在产期拜访嘎色闹可以体验挖桂竹笋的乐趣，也能实际体验怎么剥桂竹笋皮哦。

食材
桂竹笋适量、猪肉丝适量、黑木耳丝适量、豆瓣酱适量、生姜丝少许、水适量

做法
猪肉丝、黑木耳丝、生姜丝先炒香，再放入豆瓣酱拌炒均匀，加入桂竹笋翻炒均匀，倒入水煮开，盖上锅盖，焖煮15~20分钟即可。

小松菜炒菇

小松菜亦称日本油菜。含丰富的钙和铁等营养素，搭配富含维生素D的菇类一起烹煮，更能促进钙的吸收。

食材
小松菜1把、鲜香菇少许、杏鲍菇少许、蒜末少许、盐少许

做法
菇类切片，与蒜末一起爆香，加入小松菜拌炒均匀，以少许盐调味即可。

文／萧歆仪　摄影／王正毅

06 苗栗／龙洞有机村

种稻农青，给有机村带来活力

　　曾是台商主管的张智杰，舍弃了城市的灯红酒绿，多年前来到苗栗龙洞村这块净土，从零开始学习务农下田，并与村长、当地农友前辈们学种杂粮、种稻米，有机生活为他带来截然不同的人生新义。

农青移居有机村，看见当地的美好

龙洞村，位于苗栗县西部，是一个位于偏僻山间的小村子，属于丘陵地形、小山绿野交错的这里，吸引了5年前只身来此的张智杰。对务农完全不了解的他，决心就地生根，实践自己的田园梦，从此与龙洞村结下美好缘分。

张智杰从不知怎么种怎么栽，到现在成了独当一面、能到市集向消费者推荐作物的农夫，并获选苗栗县的有机达人。能成为这样的专职农夫，除了靠自身努力，更因为有着龙洞村村民们的相助，所以，张智杰的从农之路并不孤单。

务农初期，西湖乡农会的指导员张治荣先生热心帮忙，为他找了些休耕地，让他得以从小块地开始着手种稻。在来到这个不熟悉的地方之前，张智杰做了许多功课，上过农职训练课，参加了考试，到各个有机农场观摩，甚至到四川参加台湾慈善团队的重建农耕工作，也到花莲农改场去上过有机稻与杂粮生产的课程。

在储备了农业知识与多方见习后，张智杰于2011年在龙洞村开始种植有机稻，坚持不打农药、不施化肥。他的种植面积也日渐增多，目前已拥有100亩地，种水稻、杂粮与蔬菜，也试种了很多其他的作物。移居来此之后，张智杰在边做边学的过程中，不仅成了种植达人，更是与龙洞村建立了深厚的感情。

↑张智杰为我们展示碾米过程：要经过三道手续，脱去稻壳成为糙米，再碾两道变成精米，100公斤的米碾完还有60~70公斤

持续边做边学，务农生活甘苦谈

本来也想过要到花东去当农夫，但因为寻找农地过程不太顺利因而作罢的张智杰，恰巧遇上了这里，村里的农友待他如家人般热心，让他非常热爱这里的生活，因此他积极地想借着做有机，带动起整个村子的活力。

龙洞村的气候与土壤相当适合种稻米与柚子，而张智杰选择了专攻粮食作物，种台粳9号与综合杂粮。他的自种稻品质佳、米粒饱满，早已拿到中兴大学的有机验证，但回想过往，种植之路其实辛苦万分。为坚持有机，他只能用物理或生物方法防治病虫害，因此得常常下田关心农作，以阻挡病虫害。除了在种植上下功夫，周边资源也得想尽办法利用起来，需要自己寻找政府补助金、想办法买农具机器等，才有资本从生产开始，到后续的烘、碾米都自己做。

→米中最营养的部分都在米糠上，如果只是将米糠做成堆肥很可惜。张智杰说，以后准备将它们做成养生的玄米油、米糠油

幸好后来有伙伴一同加入，多了人手分担工作后，他们一起创建了返朴归真有机农场，作物年产也提升到3万公斤，现在仍维持着稳定的成长。

目前，张智杰以合理价格契作，并保留少量作物给自己，未来则准备吸纳附近更多的农田，并将生产导入推广，让所种作物晋升至二级、三级产业，增加作物的经济价值，延长保存期限。在农忙之余，张智杰每周还会去到中兴大学的有机市集，与消费者面对面推广稻米、黄豆等，能和客人直接分享种植的过程与心得，是务农生活里的成就感来源之一。

→外型超man的曳引机，是通过"小地主大佃农计划"补助购置的，车身后方能装不同的农具，可用来耕田，也可开沟做畦、翻种，用途多多，是张智杰的农耕帮手

细心呵护而生的浓醇豆香

前阵子刚收完有机黄豆，张智杰种的黄豆质地很棒，是进口黄豆绝对比不上的。品种是是高雄选10号，格外受到穿龙豆腐坊老板的青睐。为了品尝自己的黄豆，他特地买了调理机，试做正港纯豆浆，不但豆香浓醇还能吃到全豆营养。只需将他的有机黄豆洗净、浸泡（冬天8小时，夏天5小时），蒸熟之后加热水直接打碎至浓郁状态即可。这种豆浆对孕妇极为有益，含有大豆异黄酮，又能降血压。

张智杰照顾稻米也是用心万分，说起田里的农作故事还真不少：整地时得踏实翻土，让土壤透气、并让日光杀菌杀虫；还会混合食品型硅藻土与水，喷洒植物表面，借由坚硬的硅割伤小昆虫；喷油则能堵塞小昆虫的呼吸气孔……这许许多多的小技巧，张智杰如数家珍，每件事都是务农中边做边学而来。大哥说，吃这样的活性糙米对人体很好，富含氨酪酸（GABA，即γ－氨基丁酸），有安神作用，他建议用冷水浸泡有机糙米6~8小时催芽后再煮来吃。

乐农好友

We are farmers!

聚集当地农友，引进农青力量

  在龙洞村生活多年，与当地居民熟识的张智杰，一路走来，结交了许多农友前辈，有他们的一路相挺，村子变得更有生气，大家对于务农的共同目标的轮廓也愈渐鲜明。像是种西施柚和有机蔬果的江泰佐与刘牡丹夫妇，待张智杰如家人一般，有时还会邀请他到他们家搭伙吃饭。江大哥夫妇在家旁边的农地上，栽了多样叶菜类、十字花科的蔬菜，还有柚子、美人柑、帝王柑等，他们用种给自家人吃的心情来照顾它们，卖给消费者。

↓张智杰试种的马铃薯，会盖上银黑布防杂草，并铺上稻草杆避免杂草长太多

而一路上给予张智杰许多帮助的张治荣先生，除了是西湖乡农会的指导员，他家本身也是种桶柑的，以有机方式管理了20多亩的橘子园。张先生细心地将每棵树之间留了空位，让果树有自由伸展的生长空间。他的果园里，有的枝头上挂了牌子，那些是别人认养的果树。

采访这天正在收成。来协助桶柑收成的颜先生，在山头上忙了好一阵子，以前是职业军人的他，现在是共同务农的朋友，是由农民学院网介绍过来的，现在是农场里的工作人员之一。

希望龙洞村将来有更多新农的张智杰，也正在积极寻找有志新农青，或让农改场里的学习者来实习加入龙洞村，再造村里活力。这样一位外来的移居青年，凭着自己的双手和坚定的意志串联起这里的劳动力，用热情塑造着美好有机村。

↑同样通过中兴大学验证的有机桶柑，是张治荣先生所种，橘子上方的白色遮盖物是防晒伤之用

跟着农夫吃

有农夫太太独家技巧的日常菜式

Healthy eating!

今天掌厨的是江泰佐大哥的太太牡丹姐，手艺很好的她，做粿（糕点）、办桌（办一桌宴客菜）都很拿手，今天要用江大哥园里栽的有机菜来煮家常菜和做腌渍。

白萝卜焅肉

　　牡丹姐做的焅肉非常软嫩。她建议用焖烧锅做会更快。而且不会烧焦。这道菜的好滋味连家中七八十岁的公公也赞不绝口。

🍲 食材
胛心肉（黑猪肉）2斤、萝卜3个、蒜头数瓣、大蒜1根、盐适量、酱油适量、素蚝油适量、米酒1杯、冰糖少许

🍳 做法
　　先氽烫胛心肉并洗一下，取一个锅子将拍碎的蒜头、切段的大蒜爆香，再放切块猪肉，放入盐、酱油、素蚝油、米酒、冰糖，加水后盖上盖子煮。待大开之后转小火，再加点水继续煮，最后放切块萝卜一起煮软即可。

洛神渍

　　特别选用冰糖来做，对身体更健康；腌渍好的洛神花很有脆度，酸酸甜甜的洛神渍酱汁还能拿来入菜泡茶。

🍲 食材
洛神花（玫瑰茄）10斤、冰糖4斤、水适量

🍳 做法
　　将洛神花洗净，泡水一天备用；泡过水的洛神花氽烫，过水杀青，捞起散热。待放凉之后，加冰糖4斤一起拌，一天拌个三四次（或两三个小时拌一次），最后放入干净玻璃罐保存。

胡萝卜炒卷心菜

　　江泰佐大哥的田里，是随摘即食的蔬菜宝库，随着季节不同换种不同作物，他的有机小胡萝卜吃起来就像水果般清甜，连家中不爱胡萝卜的女儿都喜欢吃。

食材

有机卷心菜半枚、有机小胡萝卜数根、蒜头数瓣、盐少许、油适量、水少许

做法

　　锅中放适量油，加入拍碎的蒜头爆香，放入切成条状的小胡萝卜先炒一下，再加入切好的卷心菜一同拌炒（想要菜软一点的，可加点水），起锅前撒点盐调味即可。

07 宜兰／俩佰甲

股东俱乐部2.0，新农夫的育成平台

这里有书店，有张每到中午陆续会有人聚集的大木桌，有群可以吃到当地食材的孩子、几组互相陪伴的农夫、一只叫熊熊的狗、一张归农10年的手绘年历……

这里不只是宜兰员山，更是俩佰甲，他们用锄头与汗水，写下"志愿农民"的故事，从城市移居来此，尝试新的生活、新的从农可能。

网络时代的创新实验

赖青松说，俩佰甲是进阶版的股东俱乐部。

当股东们想"半农半X"却不知如何开始时，就来俩佰甲吧！它是宜兰员山的草根组织，也是网络时代的创新实验场。作为新农夫的育成平台，俩佰甲试图解决新农踏出第一步的艰难，从找地、找房、农事指导、技术支援，到陪伴农耕，全都一手包办。发起者杨文全笑着说："其实我是来找人陪我一起种田。"

"农村"与"创新"，"乡下"与"网络"——两组看似对立的概念，俩佰甲却把它们融合得很好。台湾大学城乡所博士班毕业的杨文全，博士论文做的正是"Linux开放源代码的创新城市研究"，他说"俩佰甲是我博士论文的实践之作"。

在他口中，俩佰甲就像维基百科，由所有参与者来共同编写条目与它可能有的样子。如果来的是个画家，说不定俩佰甲里会有个一边卖米一边卖画的画廊。刚好去年有个农夫想开书店，于是今年的俩佰甲就多了间书店——"小间书菜"，让所有人都可以来以书换菜或以菜换书。

开放与分享的理念，使俩佰甲在短时间内迅速成长，从2013年4月"开站"时以友善农法耕种37亩地的6户农夫，到2014年增加为217亩水田、14.5亩菜园的27户农夫。杨文全说："只要一年增加5个农民，每人种29亩，20年后就有2900亩，到时，整个兰阳平原都可以友善耕种了。"

从记录新农夫到育成新农夫

杨文全担任过摄影记者，做了20多年农业县的区域规划，加上论文写的是创新城市氛围，他觉得网络时代的创新指的应该不再是硅谷、新竹科学园区那种园区式的概念，而是可以应用到农村与部落里的。当时还不知道可以做点什么的他，决定先到宜兰来做影像记录。

在赖青松的引荐下，杨文全陆续拍了不少农夫。他曾看过一张20世纪60年代的照片——一块插在田埂里的木牌子上写着："因为这块田使用农药，所以农夫可以去工厂上班。"联系到第二次世界大战后农药与化肥的广泛应用，可以想见当时这位农夫是如何跟上农业潮流与时代趋势的。

　　然而，21世纪的新农夫，强调的却是对自然的回归，杨文全决心要记录这个时代的新农夫，也就是现在的友善农业。说不定50年后又会有一波农业上的思考与革命，现在的记录则有助于未来农夫的理解与超越。

　　观看别人的同时往往也映照着自己。拍摄新农夫时的他兴起了自己种植的念头，但由于外地人在宜兰找地不易，杨文全便央请赖青松帮忙。2013年正值休耕补助改变，大量的农田释出，于是赖青松帮杨文全租到了一块比他想像中更大的土地，有29亩。

　　"老农都来拜托我们帮助种植了，我们怎能挑肥拣瘦？而且，如果我们不租，那就等于以后别人可能要来喷农药。"赖青松娓娓道出那时的决定。于是，29亩多的土地就落在从没有种过田的杨文全身上，他只好到处询问身边有兴趣的朋友，后来想种田却找不到土地的人也跑过来找他，杨文全眼睛一亮，决定做新农夫的育成，并趁势把网络时代的创新氛围推广到农村里。

他用"open source（开放源代码）"的概念经营俩佰甲，强调开放、分享的态度，重视农友彼此间的交流与沟通。在俩佰甲，没有谁可以叫谁做什么事，有好的想法尽管实践，如果别人觉得不错就会跟进或帮忙，没有权威，不谈人情压力，做起事来反而更务实。

同时，俩佰甲也是网络时代行销通路的集合。网络时代的经济模式是无限延伸的人际网络，当你开始种田，你身边的朋友会买，朋友的朋友也会买，亲戚会买，亲戚的亲戚也会买，就像脸书一直延伸分享出去。俩佰甲的伙伴们各自经营自己的品牌与人脉，如果自己种的米不够卖，还可互相支援，10多亩地的米，不一会儿就卖完，他们找到了网络时代的新经济模式。

田里也要开放源代码

开放源代码的主要概念，是让每个人都可以自由地散布与谱写信息，就像维基百科上的知识条目，由每位到访的人增删改，最后变成一个庞大的有机资料库。

俩佰甲将自由开放与交流分享的概念，延伸到田地的种植里。对于第一年的新进农夫，最需要陪伴与鼓励，因此俩佰甲发展出"今天我到你田里翻土，明天你到我田里插秧"的换工制度。早上彼此换工，下午再到各自的田里工作。此外也有20来亩由大家帮忙耕种的公共田，公共田收益会用在如田间沙龙、农民食堂、儿童图书馆等公共性支出上。

对于这些志愿从农的第一年农夫来说，细细体察周边景物每天的变化是农耕生活里无比重要的一件事。伙伴江映德就说："这些土地你看起来好像没什么，但里面有青蛙、福寿螺、鳌虾、蚯蚓等，每天的变化都不一样，每天飞来的鸟、开出的花、长出的草都不同，每天都可以像第一次。"

而对俩佰甲而言，将"两百"二字都特别加上个"人"，便是希望能吸引越来越多的人加入，一同谱写这个真实版的维基百科，即使来个1天、1个月、1年，都会对这里产生不同的影响，就连你现在所读的这篇文章，也会是俩佰甲的一部分。

乐农好友

股东俱乐部和赖青松

如果没有赖青松，不会有俩佰甲，但如果没有杨文全，俩佰甲也绝不会是现在这个样子。

赖青松说自己从来没有想过杨文全会经营出这番风貌。杨文全借助俩佰甲，消除田间管理员的行销推广压力，而把重心放在他真正有兴趣的耕种，以及从耕种衍生出的人脉网络上，为想"半农半X"的人开了轻松写意的大门，也填补了股东俱乐部无法陪伴新农夫耕种的空缺。

2014年刚好是赖青松归农的第10年，一直想要把家乡与家乡人种回来的他，很关心农村新鲜血液的注入，但为了找到"适当"的人，赖青松总是被动地等人找上门。不过俩佰甲却是另外一种观念，把赖青松从独角戏中拉到了野台戏中。由俩佰甲串联新农夫、赖青松联结独立农夫、另一组农青——"宜兰小田田"联结当地老农，三足鼎立，就能成面。赖青松笑着说："农村里的一场好戏就要上场了！"在归农10年后，他好像又能卷起袖子往下一步迈进了，而且，不是自己一个人，是真的把人都种回来了。

小间书菜的江映德与彭显惠

做了19年工程师的江映德，2013年带着全家人从台中跑到人生地不熟的宜兰来找田，那时女儿凤梨妹还不到一岁，我们问他为什么要做这么大的决定，他回答得很简单："工程师这个工作蛮死板的，我想种菜。"

曾在"市民农园"种菜的他，觉得自己在种植上颇有天赋，由于从前曾在虎尾读书，他起初先在云林找地。"但我觉得云林那边的马路很远很直很长，看不到尽头，在大太阳下，有种焦躁感。我不喜欢那里的天气与路，所以放弃了。"

江映德决定不往西部发展，花东又太远，所以才到宜兰来。他最初落脚三星，但当地人普遍不愿将农地租给不熟识的人，于是到处碰壁，直到遇见杨文全。他成了俩佰甲的第一批农夫之一，从半分地开始种植，也在杨大哥的说服下，从原本的菜园，改为多方尝试，开始种稻。

←以前拿的是学生锄头，在耕种面积大幅增加后，江映德特别配合自己的身高手势与习惯，量身订做了自己的锄头，决心当个专业农夫

原本做设计的妻子彭显惠，也在过了一段宜兰、台北的两地生活后，把工作辞掉，专心为老公的米品牌——"小间米"做品牌形象的设计与经营。喜欢阅读的她，在发现当地一间书店也没有时，便和俩佰甲的伙伴们商量，整修了有60年历史的旧碾米厂，开设了深沟村的第一间书店——"小间书菜"。书店里面不仅贩卖二手书，更是当地小农、文创商品的展售平台，消费者可以带书来换取小农种植的蔬菜与稻米，感受农村以物易物的人情味，或是来场生活感十足的课程或农业讲座。

往旁边走一点的农民食堂，则是俩佰甲重要的公共空间，中午一到，伙伴们就陆续前来吃饭了。至于中午吃什么呢？那就看当天有人或送或采到什么好食材了。

来宜兰短短一年，江映德与彭显惠不仅发展了自己的品牌，开了间书店，替附近深沟小学的幼稚园学生找做营养午餐的当地食材，还将种植面积从半分增加到50多亩。原来，新农夫到农村，除了从农，可以做的事还有好多好多……

未来，农民食堂旁的空间还会成为儿童图书馆，让放学的深沟小学学童多一处可以阅读的地方。然后，还会有什么呢？就像杨文全说的，俩佰甲就像个维基百科，等着所有参与者来编写，还会有什么就看未来还有人提出什么好玩的点子来。

跟着农夫吃

农民食堂里的元气菜式

Healthy eating!

辛苦了一个上午，要来好好吃一顿了。食材有时是刚从田里摘下来的蔬菜，有时是来自附近小农的采买。其实，只要大家聚在一起，就是愉悦幸福。

青葱炒白萝卜

别以为只有三星的葱好，员山的好水质也使青葱吃来无论呛味与甜度都适中。用附近农民种植的青葱与萝卜，简单拌炒即成一道健康美味的佳肴。

🥘 食材
萝卜适量、葱适量、酱油少许、盐少许、糖适量

🍳 做法
萝卜切薄片加入酱油、糖一起炖煮，起锅前将切段好的葱放入拌炒一下，最后加盐调味即可。

洋葱炒蛋

朋友给的洋葱，不知道究竟是谁带来的，还有躺在农民食堂里的鸡蛋，搭上员山的好青葱，有什么食材就煮什么，像极了俩佰甲自然自在的风格。

🥘 食材
洋葱1枚、青葱少许、鸡蛋3枚、盐适量

🍳 做法
洋葱切丝，鸡蛋打散，先加油将洋葱炒软后，放入蛋液拌炒，起锅前加入葱段并用盐调味即可。

白蒜拌脆萝卜

过年前后是白蒜收成的季节，白蒜每年只有这个时节有，和冬季盛产的白萝卜一起搭着吃，时令且下饭。

🥘 食材
白蒜少许、脆萝卜适量

🍳 做法
将腌渍好的白萝卜取出切小丁、白蒜洗净切碎，依个人口味决定萝卜与白蒜的比例，搅拌均匀即可。

卤鸡腿

辛苦了一个早上，得好好地吃碗饭来犒赏自己。鸡腿一人一块，不用抢，每个人都吃得到，吃饱了才好继续上工。

🥘 食材
鸡腿家里有几人就炖几只、青葱适量、姜适量、糖适量、酱油适量

🍳 做法
先将鸡腿切块汆烫，姜切片、葱切段，再加入水、糖、酱油与处理过的姜、葱，煮两小时即可。建议可加入大量的葱，卤起来会更香。

摄影／阿江

文／冯忠恬　摄影／林志潭　部分图片提供／阿江

08 宜兰／南澳自然村

用爱照顾土地，自然田的农乐生活

在南澳，住了一群自然村友，他们彼此鼓励、勇敢做梦，即使作物生长缓慢，也会细细体察，只为呵护土地，分享多余。

小王子说："只有用心去看，你才能看见一切，因为，真正重要的东西，是用眼睛看不见的。"他们是一群用"心"感受的人，因此付出、传递，为的就是让世界与彼此更美好。

摄影／阿江

累积自然农法的好能量

走过雪山隧道，还要经过25公里的弯曲山路。苏花公路的阻隔，让南澳比起宜兰其他地方，多了一份遗世独立的闲适况味。2010年陈昌江（阿江）、黄仕聪（阿聪）、陈昭中放弃了原先在都市里的高科技与设计工作，来宜兰南澳用自然农法种植稻谷。这一决定，不但改变了他们彼此的人生，也为南澳洒下了自然田的种子。

除了自耕自食外，目前南澳还发展出完整的代耕制度，即由消费者认养土地，专业农夫帮助你种植安全好米的契作代耕。另外还有打工换宿、千人插秧等农事体验活动，一方面扩大友善耕作面积，另一方面也让消费者感受"直接跟农夫买"的好处，减少中间商的利润耗损，让消费者买到优质好米。

当土地变自然时，动物与生气都回来了！而最棒的莫过于，这里累积了一股勇敢做梦、彼此扶持的能量。有不少原本在各地孤独种植有机或践行自然农法的农人选择在南澳落脚，"因为当你不用除草剂时，大家都会知道是怎么一回事。"

如今，南澳已成为台湾重要的自然农夫聚集之地。虽然以前大家经历各有不同，但面对着往后的人生，大家却有着相同的美好目标。

扩大自然田规模

南澳自然田的发起者阿江，是个拥有严谨逻辑的理工男，自从接触自然农法后，他便产生了一个疑惑：如果可以不用农药、不用化肥种出作物，这么好的事，为什么没有一个农场来做，而都是家庭菜园的规模？

以前在科技行业做CPU产品经理的他，很重视产品规模，"30元卖一块CPU没什么了不起，可以以3元的单价卖出100万块CPU才是我们要的。" 因此，他便开始做实验，以照片大量记录自然菜园和化学菜园的差别，试图找到自然农法规模化的机会与可能。从2009年到现在，他一共用坏14台相机，拍了20多万张照片。

　　阿江以近乎图书馆式的资料整理法，来为他的照片、文字与查询到的资料归档。和阿江聊天，经常可以听到如台湾100块土地中有99块在喷农药，而那剩下的1块中又只有不到1%是用自然农法种植的这样的惊人数字，这暗示着原来我们吃的每100样作物中，有99样是用农药、化肥种出来的，这与自然农法或有机农业在媒体上的曝光量之间显然存在着偏差。

　　阿江采取让自然田规模化的方式之一便是"找农夫种好稻"的代耕制度，即找到认养每一单位土地面积的消费者，将购买的单位从"公斤"改为"面积"，因代耕收取的是固定的代耕服务费，既不看漂亮也不论重量算钱，农夫没有为了产量和外观，偷喷农药或乱加肥料的必要，这样比起抽验、追查、处罚，更能从根本上解决食物安全问题。代耕制度实施几年下来后，不但让土地清净、农夫收益获得保障，也让消费者可以用比有机商店更便宜的价钱买到无毒好米。

量产清净土地、清净食物

面对农业问题时，阿江认为与其把矛头指向农夫，要求他们进行繁杂的有机认证，不如把机会留给消费者，用透明机制让消费者认养土地。当你认识了帮你种稻的农夫，且随时都可以到田里帮忙体验时，手上的这包米应该会比冰冷的认证还要令人安心。

因此在南澳，除了阿江外，阿聪自然田也以契作的方式逐步扩大自然农法的面积，未来，阿江更希望把"找农夫种好稻"的代耕制度推广到台湾的368个乡镇去。如果你是云林人，何必到宜兰找代耕呢？当全台各地都有农夫以友善农法种植时，便实现了量产清净土地、清净食物的理想了。

增加产量的火山菜园

来到南澳自然田，会看到一块块如火山口般，中间有一个凹洞的"火山菜园"，它们就像是火山爆发后，用火山灰堆积成的营养土盖成的钥匙孔样的小山丘一样，这是阿江从非洲的钥匙孔花园所得的灵感。

中间的凹洞可作为有机质的聚集处，但凡是落叶、腐烂的菜叶、河堤附近的有机质都可以放入其中做肥料，以供周边的蔬菜吸收营养。旁边的沟渠，正好可以收集雨水，而火山菜园的斜度，也可有效排水，防止宜兰多雨的气候对作物所造成的影响。这是阿江试图将自然农法规模化的另一组实验。过去种的萝卜个头小，20多个才1斤重，现在则是2个就有1斤了，体型大了足足10倍。

除了火山菜园，阿江也开发出布袋菜园。火山菜园是"种"在土里，布袋菜园则是"放"在土上，更具机动性与观赏性，当需要讲解和展览时，更可随时带着走，非常适合没有田地的都市人群。

换工宿舍紧邻铁道，阿江特别在铁道旁放置一排布袋菜园，不但可供应换工食材，同时也是铁道旁一道美丽的风景。

乐农好友

We are farmers!

好粮食堂堂主叶品妤

　　采访当天，品妤正在试用阿聪新的电动除草机，因为这家伙重量轻、声音小又没有油味，连带领我们到田里的阿江也忍不住背来试试。

　　2012年2月来到南澳的叶品妤，在此地定居之前，是在阿江的换工客栈里打工。曾担任环境NGO秘书长的她说自己一直没有适应台北的生活，虽然找的都是需要上山下海、东奔西跑的有趣工作，却无法感受到真正的快乐。她不解，为什么公司制度都要把人变得这么不开心？于是，她跑到南澳来生活，还开了当地唯一一间以友善当地食材为诉求的餐厅——好粮食堂。

↓正在育苗的米种子

　　问到好粮食堂的菜品有什么，就好像在问品妤今天去了哪里玩或有谁送了什么好食材一样。有时附近农友送了枚芥菜，今天就出芥菜地瓜清汤；附近的渔港有什么刚上岸的鱼，可能等等就吃到了；碗里的米，是不远处冠宇种的台中籼10；送上来的甜点，是品妤homemade（家庭制作）的胡萝卜蛋糕。

　　好粮食堂就像是当地食材的展示间，也像是当地文艺的展演场，来这里，不只可以用餐，不定期还会有音乐会、品米会等各种活动，这里还贩卖当地的创意商品和有关的唱片。正在育苗的品妤，更是准备在3月份插秧，希望2014年的下半年能吃上自己耕种的桃园3号米。

　　跟着品妤走一趟菜园，每隔几步就听她说，这是薄荷，那是草莓，这边是甜菜根，那边是九层塔和香蕉，接着就又采起树豆来……自耕自食，是品妤来到南澳的理想，放弃城市生活来到乡村的她，似乎一点都没有勉强，反倒有着高能量的微笑，就像好粮食堂上贴着的"吃饭配好菜过好生活"一样，感染到周边的人。

↑《轻快的生活》是以莉·高露在南澳时的创作

好客爱吃饭的陈冠宇

音乐人陈冠宇从原本在恒温的录音室工作，转进土地里劳作，他2006年来到台东池上的有机稻田，从除草、插秧、施肥、收割开始学起，并从中汲取创作养分，2008年发行了一张将烦恼踩进泥土深处的有机田园音乐专辑——《好客爱吃饭》。

种子撒下后，就等待发芽。2009年春天教授完文化大学的录音工程课后，心情躁动的陈冠宇，散步到平常很喜欢的大树旁发呆、写字。"我开始觉得我需要找一块地，不是体验，而是真的种点东西。"

于是，他从花莲凤林来到了宜兰南澳。他说在南澳很幸福，找到了一群志同道合的人，不用像从前一样得面对厝边邻居对杂草的"关切"。村友们彼此分享、鼓励，关注天气状况，早上也会一起相约跑步运动，他和身为歌手的妻子以莉·高露在这儿生了第一个自然村宝宝，踏实且安静地生活着。

从采种、育苗到插秧，全都自己来，现在的冠宇，已经是个十足的农夫样了。如果问他现在的主业是什么？他会说："我是农夫，不过偶尔会上台北来'打工'。"

对他来说，农夫不只是一份职业，更是一种生活方式。看过演艺圈繁华热闹的他，决心回到自然的怀抱，细致地感受土地的温暖美好。

阿聪自然田

和阿江同批，也是来南澳以自然农法种植的先潜部队之一的黄仕聪——阿聪，曾参与过主妇联盟草创期的工作，也在科技行业待了8年，后来因身体出状况，陆续在三芝、台东、新竹流连，最后落脚于南澳。阿聪说："小时候我的暑假作业都是大姐、二姐帮忙写的，我就跑到外面去玩泥土，那种和土地、阳光在一起的感觉很美好。"他说自己先享受了农村的好，现在想要有所回馈，也希望让孩子有段美好的童年生活。

所以阿聪来到南澳，在附近的小学教农耕课，带着孩子鼎勋一起种稻，也让鼎勋参与农事体验导览课程，年纪小小的鼎勋，已是个农业小达人。除此之外，阿聪以契作代耕的方式，不只自己种，也把有人认养而自己无力耕种的土地找当地的老农帮忙，扩大自然农耕的面积。

阿聪说自己卖米时，会刻意训练客户，不只吃精致的白米，也可以从"七分米"试试（七分米是碾米时打掉七分麸皮的米），等到过一阵子，他又会建议客户吃"五分米"，越吃越"粗放"，但也越来越营养。

阿聪说："一个农夫的价值是可以像医生一样的。"他们从身体的预防着手，生产健康的食物。除了种稻米、黑豆、黄豆、甘蔗外，阿聪还用自己种植的甘蔗汁慢熬制成"手工黑糖蜜"，近期他又想要养蜜蜂，当蜜蜂因环境变迁而大量减少时，阿聪希望能试着让它们回来一点点。

跟着农夫吃

简简单单的手作原味

Healthy eating!

换工宿舍旁的布袋菜园，是南澳自然田重要的食材来源，最近刚好是萝卜的收成季，萝卜才离开土地不久，等一会儿就准备上菜咯！

清炒大白菜

来自布袋菜园里的大白菜，配上同样是现采的新鲜胡萝卜，吃来顺口不油腻，配色上也有变化。

🥣 食材

大白菜适量、胡萝卜适量、蒜头少许、盐适量

🍳 做法

大白菜洗净切段，胡萝卜洗净锉丝，蒜头爆香，先加入胡萝卜丝拌炒，炒出香味时，再把大白菜放入炒熟即可。

真心好食材·胡萝卜

胡萝卜含有丰富的B族维生素、钙、铁，可护眼抗氧化，且在油炒加热的状况下比较容易释出养分，有"平民人参"之称。

炒油面

炒油面时，加一点酱油膏，不但能增加油面的湿度，还可增加淡淡的甜味。在一旁还粘有泥土的胡萝卜超点睛，吃来有种爽脆口感。

🥣 食材

油面适量、花椰菜适量、卷心菜适量、胡萝卜少许、猪肉适量、贡丸少许、酱油膏少许、香油少许、盐少许、蒜头数瓣、油少许

🍳 做法

先将猪肉腌过，花椰菜洗净、胡萝卜、卷心菜洗净切丝，贡丸切块，再加点蒜末酱油膏、香油与盐一同下油锅拌炒即可。

腌脆萝卜

宜兰冬天多雨，无法晒干萝卜，因此催生出当地特有的脆萝卜腌渍法，也就是先拌盐再压石头脱水去辛味，然后再加糖腌渍。通常几小时后就可得到甜中带咸的爽口脆萝卜了。但如果想放上几个月甚至是半年，那要依照下面的做法，多费一点功夫。

🥣 食材
白萝卜10斤、粗盐1斤、白糖1斤

🍳 做法
白萝卜拌盐，以大石头压3天出水后，将盐水倒掉，加入白糖搅拌后再压石头继续出水。过一个晚上后，将萝卜紧实装罐，如果还有空隙可用糖水充满，不要留空气。装得越紧实将来就越会呈现出美丽可口的金黄色。

真心好食材·白萝卜

白萝卜含丰富的膳食纤维、维生素C及微量的锌，不论是腌渍、做小菜或炖煮炒烩都很适合，可帮助肠道蠕动并增强免疫力。

自然米萝卜粥

用自己种的台中籼10号米煮粥，接着就看手边有什么就放下去一起煮就对了。今天胡萝卜多，用来配色刚好。

🥣 食材
台中籼10号米适量、腌好的猪肉适量、胡萝卜少许、皮蛋适量、鸡蛋适量、葱少许、胡椒粉少许、盐少许、香油少许

🍳 做法
放入较多的水，每隔一阵子搅拌一下，将生米慢慢煮成熟稀饭后，将食材洗净放入一起熬煮，最后打个鸡蛋花，再放入胡椒粉、香油、盐调味。

文 / 萧歆仪　摄影 / 王正毅

09 花莲 / 罗山有机村

本地农家与新农联手打造有机村

　　以"富丽米"、"泥火山豆腐"闻名的罗山村是台湾第一座有机示范村，得天独厚的地理环境及水源，让这里出产的米、黄豆、莲花、爱玉子等都好吃得出了名，让我们一起认识一下移居到这里的新农夫、本地认真生活的农家与妈妈料理。

对新移民的友善，人情味十足

一般人对于富里罗山村的第一印象，莫过于当地农家用泥火山水做成的手工豆腐，但深入罗山村之后，会发现这里还有许多农家，分别种植不同的特色作物，近几年还有移居于此的新移民，与当地人一块儿当农夫，认真过生活。

张綦桓、冷孟臻夫妇俩，就是5年前来此的新住民。他们原本一个在台北捷运（地铁）公司上班，一个担任饭店公关，因缘际会下认识了罗山村，于是在这个两人从未想过会落脚生根的村落，开启他们的人生下半场。村子里的纯净与活力，让张先生忆起小时候对于农田的印象、农作的真实滋味，两人带着女儿一同到这儿，买了老房子和两分地进行种植，胼手胝足开始新生活。

参加过漂鸟营、对当地事务很热心的夫妇俩，很快地就融入了当地生活，并和不少农家们结为好朋友。这里的人们不藏私，乐于分享生活上的一切所需，孟臻姐回想起刚搬来这的时候，有些农家还会偷偷地在家门口放些早上现采的鲜蔬，让他们备感窝心。自从担任社区协会理事长之后，孟臻姐更积极串联每户农家，衷心希望这里成为充满幸福力量的有机村，她还常常将农友送他们的新鲜食材做成健康面包，让农家妈妈、伯伯们都好开心！

真正自给自足的纯净村落

罗山村被群山围绕，东面紧临海岸山脉，村里的主要水源是罗山大瀑布，灌溉独立且供给无虞，又有天然屏障保护着；这里有特殊的泥火山，因此土质肥沃，益于种植作物。在恬静的村子里，常常能见到农夫们在田间务农的身影。放眼往去稻田成片高低相连，四周种满丰富的果蔬，每户人家的后院里，也几乎都有自己的小菜园，称得上是自给自足的纯净村落。在这里，大家熟知的米、黄豆都是有机种植，味道好、品质高，爱玉子、莲花也很棒，此外，春天还会产梅，秋冬还会产柑橘，各式各样的作物能丰富一整年。

整个村落面积有25.18平方公里，耕地面积约200公顷，大概有一两百人在此共同生活，其中客家人占了八成左右。罗山村的规划方式，打破了一般人对农村的既定印象，村里规划有序，虽家家务农，却极为干净整洁，朴实却又清新的乡村氛围令人向往。孟臻姐一提到这里的农家，总有许多故事可说，像是早起和种笋伯伯去挖笋的趣事，客家妈妈教她做私房料理，或是她将邻居们送她的姜黄、甜菜根做成面包再回赠给她们……这些生活里头的幸福点滴，都是支持她与先生继续拓展社区事务的动力。

↑罗山村里地广且水源独立，这里充满绿意，舒适怡人。

自己做面包，建自家的开心菜园

这里务农的每户人家，几乎都有自己的开心菜园，想吃什么就种在后院。孟臻姐自家民宿的后院里，就有好多蔬菜香草，她很谦虚地说，都是很随兴地撒了种子，也没有特别照顾，大家就自然地长得那么好。生长自成一处的可爱草莓、原生种的赤道樱草、能拿来泡茶的薄荷通通都有，更不用说满地的地瓜叶、精神饱满的葱和萝卜了，仔细一看，园子里竟然连甘蔗也有！因为种的作物是自家人吃的，自然没农药也无化肥，张先生说，用古法种植的果蔬，味道、口感都和市售的大不相同。

除了菜自己种，后院里也有养了不少鸡，乌骨鸡、珍珠鸡、文昌鸡……綦桓大哥会常来看看自家养的鸡，偶尔捡几枚蛋回厨房做料理。这里的鸡有别于一般的鸡，或许因为这

↑米麸面包的味道单纯，但是尝起来很香，和浓汤很搭，据说和梅干菜扣肉一起吃也很赞

里的生长环境露天、自然、无拘束，只用铁丝网稍微围起，而且鸡又吃有机饲料、有机菜，所以每只都长得特别大，脚爪也特别长，羽毛极为丰厚，且鸡冠艳红。

　　除了种菜，夫妇俩还常亲手做米麸面包。用自己种的有机米所做成的米曲，加上面粉、特选法国奶油、自家鸡蛋等材料，手揉成团再低温发酵12小时。烤出来的面包外脆内润，口感扎实，咀嚼之间会散发出很温和的米香。

安心甘蔗和草莓的原来样貌

　　非常喜欢吃甘蔗和玉米的夫妇俩，是来此生活之后，才知道原来有机甘蔗的样貌是什么样子的。一般市售甘蔗头尾粗细不会相差很多，但自己种的甘蔗却不是如此，粗细不一是常有的事。自己种的甘蔗除了当水果吃，还能煮成甘蔗茶来喝，可以缓解中暑症状。

　　而一旁的小草莓也是，随处而生的它们不是大枚圆胖的，果形反而是有些细长的。平时栽种在后院的菜蔬，除了会铺些稻谷防止杂草丛生之外，也没有什么特别施肥，自然而然地对待反而创造出更好的环境。

↑有着可爱笑容的梁妈妈，客家菜做得可是一绝。她用的食材都是从自家后院采摘的放心菜

乐农好友

We are farmers!

串起农家长者与居民，提升生活品质

说起村里的长者，每一位都很有生活智慧，他们常常教孟臻姐一家许多事情，不管是种植方法还是料理方法，他们都像对待自家人那样无私分享。

像是很会做客家料理的梁妈妈，在此经营着体验农家，有着几十年料理经验的她，还有一处自家的开心菜园，梁妈妈亲手做的梅干菜、红曲、脆萝卜、福菜、汤圆菜包、金橘酱、野生辣椒酱等，每一样都采用本地食材手工制作，皆是时间与经验累积出来的好滋味。

而很会做手工板豆腐，并将手艺传承给媳妇筱芸的温妈妈，也是社区里的主要角色。她们采用有机黄豆加上罗山村特有的泥火山水，两代合作出费时费

工，制作一个半小时才有四板的泥火山豆腐，豆腐扎实有弹性，让人尝过就会留下很深的印象。不仅有会做料理的妈妈，还有很会种梅子的姜大哥，每到收获季节，他便将采收下来的部分梅子做成美好无比的梅子鸡，听孟臻姐说那味道也是一绝。

与当地社区已融为一体的孟臻姐一家人，和左右邻舍关系亲密，她说当地人也很爱自己的社区，还自发组织起来了巡守队。为了这些可爱的居民或长者，近来孟臻姐常致力于串联农事活动、提供自家民宿让各行各业的人来村里教学，也推进"窳漏空间改善计划"，对社区的一些地方进行再造，让大家的农村生活品质更好。

一个对新移民友善的村落，践行乐农家庭与当地居民互助合作、友善大地的种植，让彼此能共同居住在理想中的美好地方，既对环境有益，也让当地农家乐活。

←至今仍与媳妇一起做豆腐的温妈妈，也是罗山村的农家好友之一

99

跟着农夫吃

年轻农夫创意料理与农家妈妈菜

Healthy eating!

　　喜欢下厨做料理的綦桓大哥，有着比太太更厉害的厨艺，他常用本地食材做创意菜。而这里的农家妈妈们也要拿出私房料理，用自产作物做家常味道。

烤南瓜佐菜脯葱酱

这道菜选用松软香甜的板栗南瓜来做，豪迈地带皮烤，搭配很特别的菜脯葱酱，是外面绝对吃不到的创意菜。

🍲 食材

板栗南瓜1/4枚、鸡蛋1枚、葱1把、姜数片、菜脯适量、橄榄油少许、罗勒粉少许、水1杯

🍳 做法

备一烤盘，在底盘上涂点橄榄油，摆上1/4枚板栗南瓜，上下火200摄氏度烤30~40分钟，之后放入蒸锅里蒸熟（里头加1杯水）。接着准备酱，将姜、菜脯、青葱全切成末，放入已倒油的锅中炒香。南瓜熟后，开电锅盖，打1枚鸡蛋在上面，盖上锅盖焖。待蛋半熟后，南瓜盛出，再加上炒好的菜脯葱酱，依个人喜好撒些罗勒粉即可。

白花椰南瓜浓汤

炸得酥软的白花椰佐南瓜汤非常好喝，或者配上张先生的自制面包也很搭，喜欢青葱的，上桌前可再加点青葱段。

🍲 食材

白花椰菜1枚、南瓜1枚、洋葱半枚、洋香菜1把、迷迭香适量、面粉适量、玉米粉适量、地瓜粉适量、鲜奶油适量、无铝泡打粉少许、黑胡椒少许、罗勒少许、鸡蛋2枚、油适量、盐少许、水3碗

🍳 做法

先将上述面粉类与水、打散的鸡蛋、少许盐拌成面糊。洗净白花椰菜，花的部分沾面糊下油锅炸（170摄氏度）捞起备用。接着做浓汤，洋葱切丁，下锅爆香至半熟软，放南瓜块一起炒软，再放洋香菜、迷迭香、黑胡椒、罗勒炒一下。然后用食物调理机把炒好的食物搅打成糊状，倒入小锅中，加3碗水大火煮开再转小火，最后加盐、鲜奶油调味。

梅干菜扣肉

　　梁妈妈的梅干菜扣肉有着地道的客家味道。想要快速做，就用梅干菜与汆烫猪肉一起蒸。喜欢咸香口味的，则可先将猪肉煎过后再与梅干菜蒸。多做点冷冻起来，就变成方便的即食料理。

🍲 食材

梅干菜适量、葱1根、姜数片、蒜头数瓣、五花肉半斤、素蚝油少许、冰糖少许、酱油少许、米酒少许、水1杯

🥘 做法

　　汆烫切块五花肉（厚1厘米）后再冲洗一下备用。葱切段、蒜切末、姜切薄片，与肉、米酒、酱油、素蚝油、冰糖一同腌15分钟。接着切碎梅干菜，洗两次，和蒜末、酱油、冰糖一起炒香，需加点水焖10多分钟。取一个碗，仔细铺好肉片，将葱一起叠上，最后放梅干菜，用1杯多的水放入电锅蒸。

真心好食材·梅干菜

　　梁妈妈的梅干菜制作全手工，先腌大芥菜半个月，手搓到叶片变软，再晒一个星期。梅干菜放越久越好吃，颜色会变深，照片中的是还"年轻"的梅干菜。

椒盐泥火山豆腐

　　煎得酥黄喷香的手工豆腐，只需撒上胡椒盐简单调味，3分钟就能上菜，豆香浓郁又富有弹性。

🍲 食材

泥火山豆腐1小块、胡椒盐适量、油少许

🥘 做法

　　将泥火山豆腐切成自己喜爱的厚度，放进热油锅中，将表面煎至金黄色，最后撒上胡椒盐即可。

真心好食材·泥火山豆腐

　　用自然农法种植的有机黄豆，与罗山瀑布水、泥火山水制成的卤水一起做成的板豆腐，一次只能做四板，口感扎实有弹性，是专业级的好豆腐。

| 成群乐农　结伴组织 |

从一个小农民开始，到好友们一起合力筑农场，

老农、新农一起自给自足之余，也让生活的方向更广，更多元。

他们有的开展食农教育与体验、有的提供作物给幼儿园当营养午餐、

有的更是与国内外志工接轨一同务农……

大家一起让农务延伸成能分享的乐事。

文／萧歆仪　摄影／王正毅

10 苗栗／回乡有机生活农场

生态栽种，相约志愿农办食农教育

一群热爱土地的人，在苗栗三义长期耕耘，用心与当地农民交流合作，用生态农法一步步构筑出友善大自然的理想之地。他们从"假日农夫"转变到"专职农夫"，不仅实现了自给自足，更是以自己的生活方式良性地影响着年轻的下一代。

生态农法营造共生环境

　　"回乡有机农场"位于苗栗三义，在这里有15处种植不同作物的地方，面积约有30公顷之多，农场会有如此大的规模，要从10年前农场创办人李旭清带领一群同好者在此生根说起。10年前，当时大家还没那么在意爱护土地、推广有机，李姐和一群好友来到苗栗，从一块土地开始，开始学做"假日农夫"。大家原本不懂种植方法与植物特性，仅仅是靠着一步步摸索，来学着做友善环境的农夫。

　　经过长时间摸索，大家发现，其实应该顺应自然，在农田里打造物种丰富的生态系统，让植物、昆虫、鸟类等一起共生，作物自然而然就会长成它该有的样子和味道。所以，他们引了当地的水做成生态池；种绿肥作物以减少肥料使用，像大头菜、芥菜、花椰菜等，也种氮肥作物，如油菜、波斯菊、向日葵、黄豆等，这些都是可食作物，也是天然肥料来源，他们也用稻壳、洛神梗等自制堆肥。因此，回乡的田里，绝不只有单一作物，而是采用"间种"方式，依着四季时序，种各种植物，好似彩虹田一般美丽。

传承三代的自给生活

在创办人李姐的带领下，一群人看似顺遂地当起了农夫，但其实要克服掉许多困难，才有这般甜美的果实。因为希望能在当地将这样的生态农法推广出去，所以需要和附近的农友们用心交流，悉心让他们了解原来不用农药也能种田。

已经习惯惯行农法的老农夫们，自然难以放下心防，在回乡人一代、二代的努力下，当地已有越来越多的农夫愿意承租土地给他们，他们也辅导老农夫们用有机方式种经济价值较高的作物，以保障本地农夫的收入。

然而，爱土地这件事，单靠一群人是不够的。为了让有机理念拓展出去，他们回乡办幼儿园，开展对外活动让更多人来这里实地接触，也和企业合作以期实现"企农合一"，同时还与地方政府、小学合作推行"食农教育"，以企业力量给他们提供有机营养午餐，带孩子到田里做简单农务、学做堆肥等。

这些努力是为了让更多的力量来关心并支持这块土地，而且也吸引了不少各地的年轻人一同来此当新农夫，10年过去了，这种传承已经到了第三代，许多二十出头的年轻人在田间工作的熟练身手，丝毫让人看不出来他们来自城市。

在这里，每个人都要亲自参与农务工作，轮流煮每日三餐，即使是创办人也不例外。与大自然一起日出而作、日落而息，能推广这样的生活理念，对他们而言，这比都市里的一切更加踏实，也更加丰盛美好。

动物最识安心食材真滋味

到访当日，正巧遇上水稻收割，在农场场长蔡三益的带领下，我们去看了农友林宏昌的稻田。前一周的连日阴雨好不容易结束，林先生与儿子正开着新式收割机在田里农忙，开收割机的年轻儿子和爸爸看起来一样帅气！仔细看，收割机行过的地方，会露出成排绿色杂草，林先生笑然说，正因为有杂草，即便不用药和化肥，水稻依然长得这么好，这可是他花了好几年才向大自然学来的重要功课。

收割机的后方，有乌秋和白鹭鸶"虎视眈眈"，因为一旦稻子收割掉，藏在有机田里的昆虫、蚯蚓们便会无所遁形，最识安心食材的鸟儿们，总会来此饱餐一顿！蔡场长走进林先生的田里，顺手就掰下稻子尝味，直说今年的味道真好，他带我们看收割下来的稻子，里面有许多蚱蜢和瓢虫，可见的确是与环境共生的安心田。

乐农好友

We are farmers!

本地农与志愿农，皆成农场生力军

　　曾用惯行农法多年的林宏昌先生是回乡的农友之一，现在却是用生态农法种稻、种杂粮的达人。他花了两年半的时间学习，发现原来要在田间多元种植、水旱轮作让不同杂草与稻共生，种忌避植物，才能创造出稻子最爱的天然环境，他种的台11号、苗栗1号都是经过140天的完全熟化才收割，品质绝佳，甚至还能拿来做威士忌。林先生说，种稻不能贪心，播种时将间距拉开、空出来的地方就让杂草生长，生物们就会在田间创造最佳的共生环境。在他彻底了解土壤与地域的关系后，以前一甲田地收不到400公斤的稻子，现在能收2500公斤。

　　第三代农夫中的王品方，和这里许多年轻人一样，都是刚从大学毕业或来此实习的，都只有20多岁。来此一年间，除了和大家一起每日农务，她还与前辈们学着办食农教育，到小学学校为小朋友上课，或开展企业员工下乡的活

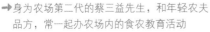

➔身为农场第二代的蔡三益先生，和年轻农夫品方，常一起办农场内的食农教育活动

→用生态农法种稻、种杂粮的达人林宏昌与儿子，
　还有芽菜达人怡如

动。她热爱这份工作，是因为想将健康饮食推广给更多的人。她谈起田间知识，不比专业农夫逊色。而回乡来工作、因为吃有机的食物而重获健康的候怡如则是芽菜达人，她每天可以花十几个小时在芽菜房里，问她怎么有这样的毅力时，她说作物能感受到种植者的用心，怎么对待植物，植物就用什么样子回应你。6年前她来这当义工，被芽菜坚韧的生命力所感动，她决心留在这里学种芽菜、吃健康食物，这期间她慢慢了解芽菜的生长需求，分析周围环境，现在不仅懂种植，也借着自然生活重新体察到了生命的意义。

　　身为农场第二代的蔡三益先生，是农场里的重要生力军，同时是堆肥场的场长，他很有活力地带着我们认识每亩田，对每亩田种什么、作物又有什么特性等如数家珍。多年前他经由同学介绍到此，却未从事与自己所学相关的设计工作，反倒当起了农夫，并认识了现在的太太，同时也在生活中让孩子了解友善环境的种植与健康吃食有多重要。走在和煦阳光洒落的早晨田间，蔡先生还介绍了一早就在用翻土机、割草机工作的年轻面孔，他们有的是三义当地人、有的是从基隆来的伙伴，或是来实习的学生们。新的力量注入农村，确实为当地带来延续下去的力量。

跟着农夫吃

从沙拉开始的天然食法

Healthy eating!

农场里掌厨的大姐说，先从生菜沙拉开始吃（若有汤品，则在吃沙拉前喝，先暖胃），再吃蔬菜类、淀粉类食物，最后吃蛋白质类食物，这是对人体有益的饮食法。

梅酱生菜沙拉

用梅酱取代一般沙拉酱，既健康又有酸甜果香。

🥣 食材

橡木紫叶莴苣适量、荞麦苗适量、意大利生菜适量、薄荷叶数片、自制梅酱适量

🥘 做法

用过滤水将以上生菜洗净，手掰成入口大小，撒上数片薄荷叶，最后淋上梅酱即可。

真心好食材·荞麦芽

远处成片白色的地方，就是荞麦芽田。有机荞麦芽再加上柠檬汁调味，含有丰富的维生素，可预防感冒。

水炒油菜

含钙丰富的油菜是绿肥作物，用"水炒"方式烹调，少油但美味不减。"水炒"蔬菜不仅清脆好吃，也减少了烹调时产生的大量油烟。

🥣 食材

油菜适量、蒜末少许、油少许、盐少许、水少许

🥘 做法

在中式炒菜锅里加水（锅底浅水量），待水开后加少许油。蒜末和油菜茎先下锅炒一下，再加入油菜叶一起炒，最后加点盐调味即可起锅。

真心好食材·油菜

油菜是氮肥作物，种在田间，可以当作最自然的肥料来源；它也是蜜源植物，因为淡黄色的油菜花能引来蝴蝶、蜜蜂进行授粉。

蒜苗炒红白萝卜

冬日萝卜最清甜，因为吸收了田地中的精华，配上蒜苗一起吃十分对味。将蔬菜炒出来的清甜汁液淋在糙米饭上，让人想多吃好几碗！

🍋 食材

蒜苗数根、胡萝卜1根、白萝卜1根、油适量、水适量

🍲 做法

锅中加点水，将切段蒜白、胡萝卜丝先下锅炒至稍软，再加白萝卜丝一同拌炒。接着加点盐调味，倒少许水，最后加入蒜叶一起拌炒至蔬菜熟软即可。

葱烧豆腐

回乡的手工豆腐是用种了180天的有机黄豆所制，加上从海水中提炼的盐卤，做出来的豆腐呈淡黄色，口感微软扎实，近似烘蛋。

🍋 食材

有机手工豆腐2块、葱1根、油少许、昆布1片、胡椒粉少许

🍲 做法

锅中加点油，放切段葱白下锅先爆香，接着放手工豆腐、昆布、少许盐、适量水煮至豆腐入味，最后放入葱绿拌炒，让汁液稍微收干即可。

真心好食材·葱

葱是忌避植物，如九层塔、波斯菊、薄荷、香菜等，之所以会种在田间，是因为这类植物的气味较重，会干扰昆虫，让它们不会接近作物。

文 / 萧歆仪　摄影 / 王正毅

11 苗栗 / 里山塾

串联本地农友，建立新里山生活

　　由"观树基金会"创办的里山塾，在苗栗苑里浅山地区，他们指导当地农友种有机作物，积极建立台湾的"新里山"生活模式；并利用这个场地，举办环境教育活动，希望获得更多人的认识与支持。

本地深耕，串联农家友善耕作

由施崇棠先生创办成立的"观树基金会"，于2011年结束苗栗苑里"有机稻场"受托经营的阶段性任务后，来到苑里的蕉埔社区，租下此处废弃的天主教堂与邻近的小块地，悉心整理成"里山塾"，让其成为环境教育的基地与场所。里山塾的几位伙伴，大多是学环境教育出身，大家聚集在此做本地深耕的工作已经多年，他们与苑里的农友们做朋友，一路陪着农友们改做友善土地的耕作，希望保留这里的生活智慧与纯净土地。

苑里地区的农友们，种水稻、杂粮、蔬果的都有，有好几位农友先前都从事其他行业，中年后才返乡当农夫，但他们每位都做得有声有色。原本从事惯行农法的他们，因为有着里山塾伙伴的一路陪伴，开始去上课，学习做有机，渐渐地他们复育了多处土地，让自然生态也重回此处。成为有机农之后，他们也从环境的改变上，深切认识体会到原来不喷农药、不施化肥是可行的，昆虫（像萤火虫等）和其他小动物又开始重新出现在田里，他们不必再为化学药剂伤身所苦，而且还发现种植出来的作物滋味与以前完全不同。

大自然是我们与孩子的食育老师

里山塾非常积极地推广环境与人和谐共存，伙伴们特意在里山塾旁边的一块地里，种了许多种蔬菜，办环境教育活动时就能用到这个地方，这里是自然课的课堂之一。

因为自己做环境教育，所以伙伴们也身体力行地爱土地。他们用草生栽培、不喷除草剂和农药的方式做种植，以粗糠、稻谷、残叶、厨余做堆肥，为湿润土壤，还会覆盖稻草来保湿。

他们办活动除了用这块地里的季节蔬菜之外，还与方圆十公里范围内的农家合作，农友们提供自己的作物，上课老师也会介绍农作物是来自哪里。里山塾全年会配合不同时节，推出适合该时节的饮食教育课程，和大家分享相关的环境议题。例如在盛产蔬菜的冬季，里山塾就举办了"野趣里山炊"的活动，邀大家一起来认识本地能源、时令蔬果。

首先，老师们会教每个人劈柴生火，先将细细瘦瘦的柴火和自制生火用的火种组合堆砌起来。接着，搜集不同种类的食材来烹煮，老师带着大家到园里现采时令鲜蔬，同时认识作物们长在土里的样貌，教大家辨别蔬菜适合采收的成熟度等，关于蔬果的一切都会详细告诉大家。

然后，大家会共享一场低食物里程的飨食盛宴，一群人在田边动手洗菜、切菜、架上锅具，将体验菜园里的食材与当地农友提供的作物，一同做成最具原始风味的野餐。

最后，大家将野餐完剩下的残叶搜集起来，老师会带大家去喂里山塾邻居们养的鸡，切实告诉你每一种生于土地的资源都有它的用处，无需浪费。

↑亲手做一餐可不容易，从堆柴生火开始，到采摘蔬菜，用无添加方式烹调……原来农民自给自足的生活是这样来的

乐农好友

We are farmers!

与地为善的农夫与农作

　　与农友们相当熟识的李主任，是里山塾的重要伙伴之一，他带着我们拜访了许多农友。像佳乐果园的张宝山先生，他们全家人在上一代留下的田里种茂谷柑、柚子、桃，施行草生栽培已有30年，满山遍野的柑橘树果实累累，与杂草共生长，果实虽不见得漂亮，但每一枚都香甜多汁。

　　转作有机稻多年的蔡水允先生，也是返乡下田的农友之一，他与儿子媳妇共同经营自产自销的"用心米"，从育苗开始就是自己做。为种出良心好米，蔡先生和农友余启全、种杂粮的陈文龙一起，去听里山塾伙伴们开设的"有机稻场"相关课程，去观摩有机农场，在10多年共同努力下，他们的土地终于有了生气。为研究有机稻怎么种，蔡先生还请了改良场的人来帮助解决整地不平、水该注多少才能让稻田间的杂草不过度生长等问题。拜访蔡先生当天，他正在和农友们讨论下一阶段的工作，即便是休耕期也努力不懈。

↓张先生的茂谷柑与蔡先生的用心米，滋味和品质都一级棒

←安全用药种蔬菜多年的叶君莹老先生，和太太都是本地农友，叶伯伯还是良质米第三班的班长，虽已80多岁了，但现在仍下田工作

另一位也种水稻的吴水池先生，同时也是杂粮与养蜂达人，他是苑里最早通过有机认证的农夫，而且对于整个大环境的粮食政策，都很有见地，极具前瞻性。吴先生不仅种稻，还种小麦。他的小麦种在山里，前3年无论怎么种都被麻雀吃，第四年吴先生开始观察环境，发现麦、稻不能种一起，不然容易成为麻雀的栖息地。渐入佳境后，他的有机小麦还成了喜愿面包的食材原料。

里山塾与本地农夫串联，让苑里变得更好、更符合原生态自然生活，在这片有说不尽好故事的土地上，我们看到的是与地为善的正向循环。

→图中绿油油一片的，可不是杂草，是还未抽穗的小麦。对小麦了如指掌的吴先生说，小麦要温度够才发芽快

田间
自然课

有蜜蜂光临，代表你的农作很友善

养蜂10多年的吴水池先生，就像自然课老师一般，有许多田间故事可说。他一开始为了种菜而养蜜蜂，以帮助植物授粉，现在有两处蜂场，加起来共有90多个蜂箱。经过多年的研究，吴先生发现蜜蜂只会在离蜂场直径十公里的地方飞，所以都不将蜂箱设得离农地太远。蜜蜂授粉时会绕着花转圈，脚沾了某种花的花粉后，只会移动到同种花上，因此蜂农取到的花蜜，不会是混杂着不同种花的花蜜。由于台湾的油菜花多在休耕季节种植，因此农药少，而食用油菜花蜜对人体也相当好，可以单吃或混在牛奶里喝。

此外，吴先生还告诉我们，顾家又聪明的蜜蜂，绝对不会把毒害带回蜂巢中，它们一旦在外沾染到有毒物质（例如农药），就会孤单地死在外面。如果你的农地有许多蜜蜂，不仅代表你的农作很友善，而且意味着会生生不息。

跟着农夫吃

用一口锅烹调多道美味

Healthy eating!

里山塾旁边的体验菜园，种满了丰盛的时令蔬菜，大家能认识每种蔬菜在田间的样貌，一起亲手采摘它们，再加上里山塾乐农好友们提供的有机食材，今天就用荷兰锅来共享一场土地上的原味盛宴吧！

培根炖卷心菜

豪迈地将卷心菜对切，或整枚直接入锅炖煮，使其完全释放出蔬菜的甜味。培根的香气与蔬菜汁融合在一起，令人食欲大振！

🍲 食材

培根数片、洋菇数枚、卷心菜2枚、盐少许、黑胡椒粉少许、水适量

🥘 做法

先将培根切段、洋菇切片，丢入荷兰锅内炒香。接着倒入热水至锅内1/3处，放去去心、切十字的整枚的卷心菜。约20分钟后，卷心菜熟了，汤开了，就能加点盐起锅，最后可撒些黑胡椒粉调味。

蔬菜百汇锅

用百纳田里的鲜蔬做火锅，吸饱土地精华的有机蔬菜们，不仅尝起来口感清脆，而且让汤头的甜度满分。

🍲 食材

鸡油少许、姜数片、大白菜1枚、洋葱1枚、芥菜1枚、花椰菜1枚、西兰花1枚、胡萝卜2根、白萝卜2根、木耳数片、玉米2根、莴苣叶数把、茼蒿数把、香菜少许、手工鱼丸数枚、手工豆腐1大块、盐少许、热水适量

🥘 做法

先将鸡油、姜片于荷兰锅中爆香，放入洗净的大白菜，炒软后先捞起。锅中放入洋葱炒软，注入热水至锅内1/2高度，再放入切块的根茎类食材。稍煮一阵子后，放入处理过的花椰菜、盛起的大白菜、鱼丸、豆腐、西兰花、木耳一起煮，最后再加莴苣叶、茼蒿煮至沸腾，最后撒点香菜，并用盐调味起锅。

真心好食材·芥菜

水分含量很多的芥菜，拿来炖汤超美味，且对肝和胃有益。其含有丰富的维生素B1、维生素B2、维生素B6，同时也是高钾蔬菜。

土豆地瓜烤全鸡

用土豆、地瓜当底，再摆上香草鸡，耐心等鸡肉表面变成焦香金黄，就是最好吃的时候啦。

🥘 食材
用香草腌过的整只鸡、土豆数枚、地瓜数根

🍳 做法
在荷兰锅中垫层锡箔纸，先将土豆、地瓜铺放在锅子底层，再把处理好的整只鸡（先用香草腌入味）放上面。盖上锅盖，以上下火（锅盖上需放炭火）烤1小时即可开盖。

真心好食材·红薯

食用好处多多的有机地瓜，连皮一起吃才能吸收完整的营养。地瓜含大量纤维素及优质糖分，如麦芽糖和葡萄糖，并含大量维生素C与β–胡萝卜素。

竹筒蒸蛋

常见到用竹筒来煮饭，但这次要用它来试做美味的蒸蛋，一边烤要一边注意其表面凝固与否。滑滑嫩嫩的蒸蛋里，饱含着浓浓的蛤蜊精华。

🥘 食材
鸡蛋数枚、洋菇数枚、毛豆1把、蛤蜊半斤、高汤适量

🍳 做法
先制作蛋液，蛋和高汤以1:1的比例调和，接着在竹筒内放入切片的洋菇、毛豆、吐沙过的蛤蜊，再倒入蛋液。让竹筒排列在生火的铁网上，煮10~15分钟，待蛋液凝固即可。

文 / 萧歆仪　摄影 / 王正毅　部分图片提供 / 溪州尚水

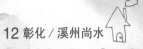

12 彰化 / 溪州尚水

集结老中青农，湿地里的稻田计划

一群在浊水溪畔安居耕作的老中青农，与一个捍卫农民权益的本地组织一起，齐心在溪州的湿地上，推行友爱自然的有机稻田计划。他们种了"尚水米"，还建了座"梨享乐园"，每到收割季，就会在田间热闹地办起活动，并邀请外地好朋友体验农事。

与农民齐发声，护水种稻爱土地

彰化溪州，一个位于浊水溪畔的纯朴小乡镇，在这里兴起了一个捍卫农民权益的本地组织——溪州尚水，这个组织与11位在种植方面各有所长的农友们手牵手，为了农田灌溉而护水，因为爱土地而从惯行转做有机。这片湿地上，有着农民们善耕的足迹，身为溪州尚水董事长同时也是农友之一的谢宝元，建立起能保障农民们生活的平台，与他们保价契作，以一分地两万元（新台币）的方式收购农作，让农友能安心自在地持续做有机。

溪州尚水的工作伙伴里，有从外地过来、自学生时代就对农耕很有兴趣的台大毕业生慈慧和雅云，以及在政府机关工作、为农民奔走的本地人吴音宁小姐等，虽然人数不多，但大家都有着重视环境、疼惜农友的心，他们为农民和农耕努力奋斗的事迹是数不完的。组织里的每个伙伴，都与本地农民保持着相当友好的关系，常常拜访、关心他们的工作与农田；而11位农友里，除了专职农夫和产销班班长之外，有许多人原来都从事其他行业，如厨师、验光师、外烩主厨等，后来纷纷离开原有生活回乡务农。

一开始做的时候，伙伴们还带着农民们去参访有机农场，观察、了解及学习什么样的种植方式才是适合自己这块土地的。长期努力下来，每位农民渐渐步入正轨，都有了自己最懂的作物，有了说不尽的土地故事，也借由农耕方式的改变，体会到了田里生态的改变。

生态自然由大家共同维护而来

溪州尚水有一处他们专用的谷仓，在组织伙伴吴音宁小姐的家附近，这里除了几处农友共耕的田，还有成片树林，准备用来挖生态池，让其变成生态源头。

溪州尚水成立组织的原意，一方面是维护农民权益，另一方面则更是着力于保护生态环境，因此不管是辅导农民种植的方向、保留树林、护水以让农民有洁净的灌溉水源，还是复育水田湿地、邀请特有生物中心的研究团队合作等，皆是为了美好家园的未来。

从去年开始，溪州尚水还承租了一位梨农的九分地，将废耕梨园保留下来，并请新农友廖宗富代为管理，将温带花苞嫁接在本土枝干上，改良成平地适种的梨子台中二号、蜜雪梨等，并用草生栽培维护土地。这个被他们称为"梨享乐园"的地方，也是对外举办活动的场所，以便让外地朋友来共享农事、认识自然。

而与溪州尚水合作的农友们，除了种植作物，也共同实践"从产地到餐桌"的低里程饮食，他们将一部分食材提供给溪州乡立幼儿园的小朋友，让孩子也能吃到本地鲜蔬和好品质的有机米，不必屈就于不合理、低成本的"不营养午餐"。未来，溪州尚水准备继续奔走、深耕，欢迎爱环境、有意识的农民共襄盛举。

←用梨享乐园菜圃中的鲜蔬、农友种的尚水米办野炊。新农廖宗富会介绍这里的梨种，带大家认识草生环境。梨园里还栽了甘蔗，可以直接火烤尝鲜味

草生栽培与混种的改良梨

　　梨园里的梨子，主要有两种，一种是4029梨，一种是台中二号，两者都是台湾自行配种、杂交成功的平地水梨品种，梨园采用混种的方式种植，以便让梨子更好吃。4029梨又称为蜜雪梨、苹果梨，其肉质细腻、水分丰富，口感脆而多汁，果味清香甜如蜜，但不适合久藏。梨园里有自然共生的杂草，杂草能抓住水分，让土壤保温，使其不干硬。

　　由于"梨享乐园"里的4029梨树较老，原先管理的梨农阿伯特地调整过树形，让其整丛往上生长，而将台中二号微调成树枝向四周展开，不过它结出来的果子较小、较硬，也比较酸。随手摘一枚梨子，虽没有漂亮的卖相，但尝一口就知道其水分与味道都十分饱满。

摄影／曾冠棕

乐农好友

We are farmers!

有着爱护环境意识的农友群

　　农友赖世章先生，是溪州尚水的契作农之一，他于2008年回家务农，开始种水稻。他的种稻面积约有二甲三分地，是去年种稻成绩第一的"模范生"。

　　赖先生说，转做有机稻之后，他发现土壤起了变化，变得比从前更有弹性，而且田里的生态系统变得更有活力了。以前喷农药种稻，水稻苗的高度有的能到150厘米以上，非常惊人，后来在溪州尚水的提议下做有机，虽然得辛辛苦苦人工除草，但水稻苗的生长变得自然，不会过度生长。

去年负责管理梨园的廖宗富先生是位年轻的农夫，他照顾这片九分多的梨园非常负责，每次办活动，他都会带着外地朋友了解草生栽培梨的生长环境。

除了新农廖宗富、稻农赖世章，溪州尚水还有许多合作农友，大家分别参与"水田湿地计划"和"本地食材计划"。种稻的谢建志、种小番茄的苏承生、提供幼儿园食材的许甜、谢家派母子档、参加过农运的陈荣辉、香菇达人陈玉娇、做过多种工作也当过企业主管的郑胜峰、种芽菜的年轻专业农夫徐睿骞等，他们每个人都对自己种的作物有着一份责任心，也有着爱护环境的意识。

溪州尚水有着农民们的坚持作强大后盾，而溪州尚水的工作伙伴们也对这些农友尽心尽力，希望为他们的好农作找出路，建立起对农民友善的机制。在这个结合了老中青农的地方，大家不仅农耕得很快乐，他们对土地的重视与爱护，也是永远留存的。

↑办活动时，除了新农廖宗富，附近的阿姨们也来帮忙

跟着农夫吃

米Q菜香的厨师级农家菜

Healthy eating!

　　为我们做好吃料理的是种番石榴的农友大哥黄生富，他有着专业厨师的好手艺，今天要用尚水米和本地老字号的手工豆腐来做菜。

翠玉豆腐卷

选用当地老豆腐坊的板豆腐来做，配搭滑嫩蒸蛋，两者相得益彰，咀嚼间有着让人分不清是豆腐还是蒸蛋的有趣口感，是非常好吃的一道创意菜。

食材

卷心菜半枚、手工板豆腐1块、火腿数片、胡萝卜1根、鸡蛋3枚、酱油少许、太白粉少许、盐少许、水少许

做法

洗净卷心菜叶，一叶切一半备用，入开水中余烫一下，用冷水过凉备用。取一叶，放入切条状的板豆腐、火腿后卷起，放电锅蒸熟。接着做菜卷下方的蛋底，取一碗，打蛋，加水和少许盐，倒入有深度的长型器皿中，放电锅将蛋蒸熟。然后做酱汁，将少许酱油、盐、火腿末、胡萝卜末、水放到锅中煮，记得用太白粉水勾芡。将蒸好的蛋盘取出，摆上豆腐菜卷，最后淋上酱汁即可。

南瓜玉米浓汤

选用台南土沟的南瓜来做这道浓汤，有着浓浓的南瓜香甜，比一般做法的玉米浓汤营养更丰富，很适合小朋友食用。

食材

小南瓜1个、火腿数片、土豆1枚、洋葱半枚、玉米1根、蛋2枚、油少许、盐少许、太白粉少许、水适量

做法

先将南瓜洗净，整个蒸熟、捣泥；将火腿、洋葱、土豆切丁，并刨下玉米粒备用。取一锅子，加少许油，放入洋葱炒香，加水，再放火腿、玉米粒、土豆丁、南瓜泥，一起煮到料熟。最后，将太白粉兑少许水调匀，加入汤里勾芡，将鸡蛋打入并调味拌匀即可起锅。

三色炒饭

用尚水米炒的饭，粒粒分明，口感很Q，和单吃
白米饭时的黏黏口感不太相同。可以用自家栽种的蔬
菜一起炒成漂亮的金黄色炒饭。

食材

玉米1根、胡萝卜半根、
洋葱半枚、葱1根、鸡蛋
2枚、油少许、盐少许、
白米饭适量

做法

锅中加油，先炒洋葱后盛起
备用，接着将蛋炒散，放入玉米
粒、切丁胡萝卜、葱一起爆香。
将煮好的白米饭倒入锅中，和上
述的食材一起拌炒均匀，调味即
可盛盘。

文／张淳盈　摄影／王正毅

13 云林／大沟果菜生产合作社

年轻农领军，种植有机黄金薯

　　地瓜，这个一般人眼中和便宜、粗俗画上等号的农产品，近年在表达养生诉求的饮食概念中身价翻涨，但追溯到产地，瓜农们却未曾因此得到更多收益。于是，一群瓜农后代开始站了出来，希望打响家乡的地瓜名号，不只为了向老一辈致敬，也为了村落的未来……

小村庄、大愿景，大沟儿女的黄金梦

　　大沟果菜生产合作社发起人李志荣，是家中第三代瓜农，原本没有接手家中的农地，而是在外打拼，因为老一辈总认为务农辛苦又赚不了钱，小孩应该有更好的发展，都鼓励孩子外出奋斗。然而，在李大哥的记忆中，父母每天辛苦种地瓜，每到收成时，若土地歉收，家中就要为生计伤透脑筋；若适逢地瓜大丰收，又要为批发商砍价而心如刀割；若遇到产量过剩，甚至还要低下头，拜托批发商来收购。当时那股不甘心与无奈，一直印刻在李大哥的心头，久久未散。

　　"为什么我们大沟的地瓜这么好吃，但农民辛苦的代价，却是由大批发商来定夺？"从小，这个问题就一直盘旋在李志荣的脑海中。终于，他还是决定踏入务农的道路，回到父母守护了一辈子的地瓜田，并以"黄金薯"为品牌名称，积极推广"自然农法"，不给农作物喷洒任何化学药剂，因为唯有如此，才能让耕作者与消费者都得到健康，让土地永续传承。李志荣除了号召一块儿长大的村内好友响应，也努力赢得老一辈瓜农的支持，期盼通过大沟果菜生产合作社的团结力量，让大沟"黄金薯"成为地瓜的首选品牌，亦让瓜农的努力得到合理回馈。

"四力"加持，创造地瓜好品质

云林县水林乡的地瓜总产量占全台湾的五分之一，所以又有"地瓜的故乡"的美名。乡内主要栽种市场上最受欢迎的台农57号，而大沟村种的地瓜更是独冠群雄，其肉质金黄，纤维细致，口感松软绵密。乡菜市场内贩售地瓜的摊位除了标示水林地瓜之外，下方一定会再写上"大沟"俩字，因为只要是本地人都知道，地瓜就要买大沟的才好吃。而这些正是因为大沟有引以为傲的"四力"加持，才能让地瓜品质始终居高不下。

所谓的"四力"，一是天力，大沟自古就有"风头水尾"的称号，而且以前比现在还靠近海口，每到冬天东北季风强盛，台风过境时又容易淹水，不过这也造就了此处适合种植地瓜的土质酸碱度，而松软、略带沙质的土壤也提供了适合地瓜生长的环境

条件；二是人力，村庄虽不大，人口仅1千多人，但几乎都以务农为生，尤以种地瓜为主业，村民茶余饭后的话题也都围绕着地瓜打转，有历史悠久的经验传承；三是地力，通过每年一期种水稻、二期种地瓜进行轮作，以水田、旱作轮流的方式改善土壤透气性，减少毒素和病虫害的累积，并借由不同作物吸收土壤元素的比重差异，有效均衡土壤的养分使用；四是自然力，地瓜虽然一年四季都能种，但若成长期处于干冷低温的秋冬，在东北季风吹袭与低温夹击下，其成长虽会较缓慢，但甜度更高、口感更好，同时辅以轮作的话，就能以此适期适耕法则，将地瓜产季控制在最美味的时期，即11月到次年4月，从而获得最高品质的地瓜风味。

劳力吃重的地瓜耕种

　　地瓜的种植过程需耗费大量劳力，瓜农要在收成时留下优良的地瓜，然后埋进土里等待发芽长藤，待藤长到约40厘米后剪下，再把有节的地方斜插后覆土，让瓜藤发芽生根。现在虽然有专业育苗场代工，但仍需人工扦插，成功后也要天天翻藤、除草，以避免不断延伸的地瓜藤生根，抢走主根养分，使主根地瓜质量不佳。

　　地瓜约3个月可收成，前期可以进行机械斩藤、翻土以及将地瓜从土中挖出，但分级还是必须仰赖大量人力，地瓜分成大、中、小三级，对于无法在市面上贩卖的再另外归类贩卖给养猪业者，因此，每到收成期，村里的人手就会严重短缺。

↑外形呈饱满椭圆状的地瓜，最适合留下育种

↑地瓜工平均年龄超过65岁，因为农村人口外流，其平均值始终向上攀升

↑好的地瓜剖开后会溢出白色汁液，中心外围还会有一圈淡淡的橘粉色

乐农好友

We are farmers!

　　台语有句俗谚："番薯毋惊落土烂，只求枝叶代代淡。"转换成白话就是掉入土中的地瓜不会害怕腐烂，反而会展现强韧的生命力，全力以赴发芽成长，生生不息地长出藤枝瓜叶，代代繁衍、绵绵不绝。另外，曾任小学校长的李高章校长，在退休后回乡加入大沟果菜生产合作社，也写下一首充分表现大沟人文的台语七言绝句："大兴年年无穷已；世代绵绵无绝期。不知大沟沧桑史；但见地瓜饲子儿。"这些词句无论长短，不只形容了地瓜的特性，也完全展现了大沟人的朴实与韧性。

　　早期大沟村的生活并不富裕，村里的婆婆妈妈们总会在收成后，将地瓜带皮刨成丝，在大太阳底下晒上一天，待水分收干后就是家中必备的地瓜签；而把磨泥器具放在水盆中，让地瓜边磨边析出淀粉，磨好后将其静置，待淀粉完全沉淀，倒出水，再把淀粉晒干，就是自制的地瓜粉。

　　除了早期农村贮藏地瓜的技巧，李大哥和合作社理事长也说起小时候和玩伴一起跑到田里烤地瓜的趣味回忆，每当地瓜成熟时，小孩们总会跑到田里捡土块，堆成土窑状，然后捡柴生火让土窑烧到呈现火红色，再取出柴火，丢入地瓜，将土窑推倒，盖住地瓜，接着解散各自去玩，等到玩累了，地瓜也差不多熟了。在大哥们洋溢着笑容的脸庞上，除了怀念青春年少的单纯快乐，更多的是对大沟地瓜的满满骄傲！

↓地瓜是牵牛花属植物，开出来的花当然像牵牛花咯

→地瓜"长幼有序"，最靠近根部的最大，往下逐渐变小

跟着农夫吃

香甜黄金薯的好味吃法

Healthy eating!

地瓜汤、地瓜球、酥炸地瓜片，简单的三道菜呈现出最纯粹的地瓜滋味。这也是有人参访时，大沟果菜生产合作社一定会端出来招待大家的地瓜料理。大家尝到的除了地瓜香甜绵密的滋味，还有那浓浓的人情味。

地瓜汤

　　简单朴实的地瓜汤是大沟人从小喝到大的乡村佳肴，看似平凡无奇，但喝起来清甜无比。当地人也会把它淋在饭上食用，老人家如果食欲不好，家中晚辈也一定会准备一锅地瓜汤。

🍲 食材

大沟黄金薯适量、水适量

🥄 做法

　　把黄金薯洗净、削皮，用刨丝器锉成粗丝或者切小丁皆可，放入锅中加水煮开后不久地瓜就会变软，待其熟软后熄火即可。

黄金地瓜球

　　夜市上的地瓜球一包就要10元，成份却几乎都是面粉，其实自己做才是真材实料，而且一点都不难！加入马铃薯淀粉可让其口感带Q，份量则可以根据地瓜团的状态增减，只要可以揉成团就可以了。

🍲 食材

大沟黄金薯适量、马铃薯淀粉适量、糖适量（黑糖、二砂糖或白糖都可以，甜度可依个人口味添加）

🥄 做法

　　把黄金薯洗净、削皮、切块，放入开水锅中煮至熟软（也可以用电锅或蒸笼蒸熟），取出沥干水分，压泥，趁热拌入马铃薯淀粉和糖，揉匀成团，搓长条后切小块、搓圆，再放入热油锅中炸到浮起，以锅铲按压，因为这样地瓜球才会膨胀、出现空心状，待其膨胀后捞出沥油即可。

酥炸地瓜片

如果没有脆浆粉，也可以使用家中一定会有的面粉和鸡蛋调匀成粉浆当炸衣。炸的时候火力不要太大，否则容易里面还没炸熟，外皮却过焦了。

🥣 **食材**

大沟黄金薯适量、脆浆粉适量、水适量

🥘 **做法**

把黄金薯洗净、削皮、切厚片。脆浆粉依包装袋上的说明，加入适量的水调匀，将黄金薯厚片裹上脆浆，放入热油锅中用中小火炸熟，起锅前用大火逼油，捞出沥油即可。

文／张淳盈　摄影／王正毅

14 台南／友善大地有机联盟

农青合作，联盟里的旺盛新农力

16岁登上玉山的杨从贵，被山岳之美震撼的同时，亦在心田播下日后从事有机生态保护的种子，而这枚种子在一群对大地友善的农友的齐心灌溉下，日益茁壮……

友善大地，带领台湾重回美丽的有机岛

具有企业管理才能的从贵大哥，37岁时放弃薪水优渥的科技业主管之职，将原本稳定顺遂的事业归零，回到台南加入北门社区大学有机农业社，从头开始学习做个有机小农，只为圆一个不做就会后悔的傻梦，一个18岁就立下的有机农业梦。

手握锄头、弯腰耕作的日子虽然劳累，但并不孤独，因为从贵大哥结识了许多坚持有机的年轻农友。在相同理念的支持下，2009年从贵大哥决定与农友一起以台南官田盛产的菱角等水生植物为主，以水菱有机农场为根基，通过有机农业，重现多元生态的农田风貌，更让社会大众注意到农业对生态保护的重要性。

投入有机农业后，从贵大哥深感有机农耕与一般农耕的不同，由于有机小农多半靠自己单打独斗，在耕地与人力等重重限制下，农产种类不可能应有尽有，这也是有机农场经营的一大困境。于是在2011年，从贵大哥发挥他的企业管理特长，进一步整合周边的有机小农，化零为整，组成"友善大地有机联盟"，这不但能一次满足消费者的需求，也巧用联盟的力量把"饼"做大，并得以开发新市场，创造消费者与有机小农的互利双赢。

食农教育刻不容缓

　　因为深刻了解了有机农夫一路上会遇到的艰辛，友善大地有机联盟希望集众小农之力共同往目标前进，但在联盟运作过程中，最让人感叹的，个是有机种植上的困境或辛劳，而是消费者对有机农产品的不甚了解。虽然在友善大地的努力下，联盟目前已有企业以及学校的固定订单，然而多数采购方对于有机农产品的规格标准，依旧无法摆脱对产品外形、大小等的刻板要求，忽略了有机栽种在耕作环境上本就不同于惯行农业。

　　有机耕作的蔬果，因为不施放农药与化肥，所以容易受气候或虫害等变数影响，也许有长得比较小、外表略有虫蛀、因气温骤变造成外观略有缺陷等问题，但其实它们的风味、口感是完全无损的，其本质依然健康、有机、无毒。

采访当日，正好遇见Tackalan的农场主，开车前来取回被企业方以规格不符退回的结球莴苣。其实这些莴苣只是比较小枚，外观微微有点裂损，农场主说应该是前阵子气温变化过大所造成的。就这样，这批结球从南到北，又从北到南地被送回家了。虽然联盟已不断挑战采购方对有机农产品的采购标准，但仍不时会有双方认知不同的情况产生。

因此，从贵大哥深刻体会到"食农教育"的重要性，因为唯有将有机理念广泛推广于社会大众，消费者对食物、农业甚至整个生态环境才会有正确的了解和特别的珍惜，用心投入有机农业的栽种者才能得到合理的对待。

田间自然课

沉在水田里的珍宝——菱角

菱角喜高温与日照，是一年生草本水生植物菱的果实。由于菱的叶柄中有海绵体，所以它会浮在水面上生长，待菱叶间开出的白花枯萎后就会结果，因菱叶无法负重，果实会沉入水中，在水里继续成熟，成熟时呈红褐色，所以又被称作"红菱"或"水中落花生"。每年的9月到11月是官田菱角的盛产期。除了一般市面上常见的二角菱，近年来台湾也引进了四角菱。与二角菱相比，四角菱的口感比较脆，通常去壳成菱角仁进行贩卖，很适合入菜煮食，产季则在每年4月到10月初。

采访的这天，搭着高铁从湿冷的北部南下，迎接我的是南部的艳阳高照，而农场工作人员仍要穿上"青蛙装"，踏入水池最深处可及胸口的菱角池，他们不只是收成期要下水，平时也要定期去拔除杂草。亲自到访水菱有机农场后，我才终于了解《采红菱》那首歌里会唱到要划着船采红菱，歌曲虽欢快有趣，但真实的农事其实是非常辛苦的。

乐农好友

We are farmers!

乐于工作与分享的农青们

　　友善大地有机联盟约有30个结盟农场，位于佳里的北社大有机农社社长许秀英，因为家里有人患有癌症，听人说有机蔬菜对生病的人有益，继而开始走入有机农业，在进一步了解有机之后，更鼓励对有机食品感兴趣的人一起加入农场学习。

　　活力充沛的许大姐天天都到农场整理田地，照顾着农场中的鸡、鸭、猫、狗，看着鸡、鸭自由地在田里吃着有机蔬菜，笔者好奇地询问："大姐难道都不赶它们吗？"大姐笑着说："它要吃就让它吃，反正它吃剩下的还是足够我们吃呀。"大姐豁达又轻松的态度也让人见识到什么叫做真正的开心农场。不过这些鸡、鸭也是会报恩的哦！它们生下的蛋健康又美味，无论是土鸡蛋还是农场自制的咸鸭蛋，都有排着长龙的客户等着购买呢。

　　位于左镇的日光农场，则以木瓜、南瓜、节瓜为主力产品，农场主苏豪钦因为兴趣务农，且靠不断摸索走着有机路，他说："做有机要常动脑，因为不像惯行农业用喷药和下肥解决一切，而是要思考以自然的平衡方式去解决问题，例如：瓢虫就是蚜虫的天敌……"言谈间苏大哥分享了许多物种天敌与作物生长的自然原理，这些都是他一次次遇到困境时，脑力激荡所得来的宝贵经验。

　　下营的寻秘桑田，则以有机香草和桑葚为主，以休闲农场模式经营，希望消费者借由参与采果、零距离接触各式香草，更进一步了解有机的好处。而身兼联盟市场部副经理的郑庆凰，也发挥巧思利用自家产品和联盟同伴生产的稻米等作物一起，开发香草饼干及米香等副产品，多方位提升农产品经济价值。

　　这些小农们走每一步，都带着坚定的理念。他们乐在工作，也乐于分享，这就像其所栽种出来的作物一样，有益身心。

跟着农夫吃

天然鲜蔬的多样烹调

Healthy eating!

感谢今日掌厨的小曼老师，教我们如何把蔬果运用到极致！削下来的蔬果皮、切除的菜心等蔬果废材，其实就是最好的高汤材料。蔬果外观有点小缺陷又如何？烹煮出来的滋味一样超好吃啊！

地中海菜饭

地中海式料理善用新鲜蔬果、橄榄油、香草或香料，展现食材原味是它的特色，以低温拌炒方式带出蔬菜香甜，不过度烹调的手法健康又美味。

食材

胡萝卜适量、黑木耳适量、青江菜适量、白米饭适量、蔬菜高汤适量、盐少许、橄榄油适量

做法

胡萝卜、黑木耳、青江菜切丝。胡萝卜丝加入橄榄油和盐以低温爆香，带出胡萝卜的甜味，再放入黑木耳丝与青江菜丝拌炒，然后加入蔬果高汤、盐、白米饭拌匀，放入电锅蒸5～10钟即可。

桑葚萝卜紫莴野菇沙拉

这道沙拉有莴蔓的鲜脆、白萝卜的清甜、菇类的香软多汁，吃起来口感层次非常多，加入带有酸甜果香的桑葚醋，天然开胃又解腻。

食材

白萝卜适量、桑葚醋适量、各式菇类适量、紫色萝蔓适量、红甜椒丁少许、各式香料少许、盐少许、亚麻仁油适量

做法

白萝卜切薄片，加入没过白萝卜片的桑葚醋，放置冰箱腌渍备用。各式菇类加入各式香料炒熟备用。紫色萝蔓以亚麻仁油和桑葚醋拌匀铺盘，再铺上腌好的白萝卜片、炒好的各式菇类，撒上红甜椒丁配色即可。

青椒野菇盅

　　青椒盅里的各式菇类至少挑选三种菇，这样吃起来的口感和风味比较丰富，上面也可以撒生菜丝或番茄丁或炒过的胡萝卜丁或红甜椒丁配色。

🥄 食材
青椒适量、各式菇类适量、各式香料少许、盐少许、橄榄油适量

🍳 做法
　　各式菇类放入锅中以小火干烧，加入少许盐和各式香料炒匀，倒入橄榄油拌香备用。青椒剖开去籽，用少许油热锅，放入青椒煎香，再填入炒好的各式菇类即可。

鲜甜蔬菜汤

　　蔬菜高汤是取白萝卜皮、香菇梗、玉米梗、高丽菜心等果蔬废材，加水和少许盐煮开，转小火熬2小时再过滤3次即可，这亦是天然的鲜味炒手。

🥄 食材
玉米适量、番茄适量、白萝卜适量、蔬菜高汤适量、盐适量

🍳 做法
　　取过滤后的蔬菜高汤，加入切段的玉米和白萝卜块煮开，转小火熬煮30分钟，再丢入去皮番茄块煮滚，加入盐调味即可。

文 / 张淳盈　摄影 / 王正毅

15 屏东 / 彩虹农场

师法前贤，返璞归真的新农业运动

你有多久，没有好好看看哺育我们成长的这片土地，她，究竟变了多少？当你用"心"发觉她的改变，惊讶你我对她的伤害，你是否有勇气，去改变这一切？屏东车城有个以自给自足、有机循环为宗旨的彩虹农场，从一小块地开始，重习农村老智慧，通过实习农夫计划，撒下一枚枚希望的种子，静待它发芽、茁壮……

→ 拥有文学系硕士学位的李汉鹏，是通过实习农夫计划加入彩虹农场的现任农场主，选择务农是他爱这块土地的具体实践

改变，创造绿农家园

当你发现大地满目疮痍，你会选择视而不见，还是做些什么来补救呢？投身教职工作近20年的洪辉祥老师，除了念大学和研究所时北上之外，生活的轨迹始终围绕着故乡——屏东。也许是因为从小就与大自然相伴，读书时念的又是擅于观察与思考的社会学系，洪老师在就学期间就已持续关心台湾环境保护议题，并参加大大小小相关的社交活动，对土地的热爱之情展露无遗，他总是身体力行地为保护环境发声，希望影响更多人一起关怀、爱护这片土地。

2005年，一次台风过境，洪老师开车经过枋山滨海公路时，看见大量泥沙冲入海域，追根究底发现原因在于周边果园大量使用除草剂与农药，土壤缺乏植被涵养，裸露的土石在大雨侵蚀下崩解，造成严重的水土流失。于是，时任屏东环境保护联盟理事长的洪老师开始集资，购买10台除草机免费送给枋山的果农，号召大家以人工除草取代喷洒除草剂，并改用无毒有机的方式栽种芒果，且由联盟开通博客进行销售，协助农友贩卖农产品，保障农友的辛劳所得。2008年，为了专心做守护土地这件事，洪老师毅然辞去教职，并开办"绿农的家"网站，以屏东为根据地，专注推广无毒有机农业，为加入的农友提供一个友善的销售平台。

↑彩虹农场里有鸡、猪、鸭、鹅，还有陪伴农夫的猫咪和狗

↑原生种的恒春小黑豆，滋味浓郁厚实

重拾被遗忘的农村智慧

　　2008年正式成立"绿农的家"网站后，洪老师一直在产地间奔走，寻找志同道合的绿农，也致力于向农友阐述农耕方式与环境保护的密切关系，努力说服农友以友善对待环境的方式栽种。迄今，已有近70名一同坚持绿农信念的农友共同奋斗，这既丰富了平台的农产品种类，也保护了一块块珍贵的土地。而同在其中的彩虹农场，其实是其他农友想投入有机农业，洪老师协助寻找了农地，可惜在最后关头，农友还是因为对有机感到陌生而却步，于是洪老师决定自己承接这块位于四重溪旁的1.3公顷台糖（全称："台湾糖业公司"）废耕地，并花了3个月时间开垦、整地。一开始彩虹农场由平台员工共同参与、摸索有机农业的实际操作，以了解一般农友会遇到的困境，后来将这里作为实践绿农精神的示范农场，到2012年更是开展"实习农夫培力计划"，邀请有志于从事友善农业的年轻人，直接来农场向大地学习，希望培育出更多生力军，以照顾好一块地为出发点，发挥守护土地的影响力。

　　彩虹农场以实践有机循环为目标，抛开商业经济的产能计算，在农场中除了以洋葱为主力农产品、搭配水稻轮作之外，还饲养耐旱的华南种黑猪、土鸡、鸭、鹅。农场利用废弃的木板、铁网、竹子等材料搭建猪舍、鸡舍和鸭、鹅活动空间，并用农场两成到三成的土地来种植家畜家禽所需的食物，如香蕉、玉米、地瓜、叶菜等。乍一听，一般人绝对会认为这样影响经济效益，但如果考虑到市售进口谷物的高碳排放量，以及海运过程中的高温与湿度作用下产生的毒素，而且这些谷物饲料给家畜、家禽食用后，最终食用它们的还是人类，如果省了饲料的成本，换来的是人们食用后所产生的健康疑虑，抑或是后续的医疗成本，你还会认为自己种菜给家畜、家禽吃很不划算吗？

自给自足的有机循环式生态农场，是洪辉祥老师以彩虹农场为起点发起的新农业运动。没有农药的毒害，以多余或卖相差的作物喂养家畜、家禽，再利用家畜、家禽的排泄物制作有机肥。最终，农家除了贩卖作物有所得，还能通过家畜、家禽增加额外的经济收入。更重要的是，在这个过程中，农友们把大地的损耗降到最低，也保障了食用者的健康，他们守护的其实不只这片土地，还有生于斯，长于斯的你我，以及绵绵不绝的代代子孙。深入了解之后，你会发现，这不就是返璞归真的农村智慧吗？

↑农场的黑猪活动空间非常大，所以施行干式养殖法，不需大量的水冲洗，也没有一般猪舍让人诟病的臭味

田间
自然课

"落山风"吹出洋葱好滋味

屏东车城有"洋葱王国"的称号，是台湾洋葱的生产重镇。这里的洋葱口感清甜、爽脆又多汁，它的好滋味除了归因于恒春半岛的少雨和日照充足，最重要的还是其特有的"落山风"。由于台湾越往南，山脉高度越低，每年10月到次年2月，东北季风沿中央山脉由北向南吹，因此，在恒春半岛附近形成一股强劲且较干燥的下冲气流，也就是俗称的"落山风"。

强力的风速可吹走田里的虫害与雾气，维持适宜洋葱生长的环境。有趣的是，也因为落山风的强劲吹抚，洋葱"感受"到了生存危机，开始停止葱叶的生长，转而把养分传送到球茎，球茎才会开始长大成为我们食用的洋葱。成熟的洋葱葱叶会枯黄，这时候就要把洋葱拔起，放在田地上晒三天，让球茎表面干燥、葱叶水分彻底蒸发，再把葱叶剪掉。这样除了能避免洋葱生出新芽，也能让洋葱更耐贮存。

乐农好友

We are farmers!

四重溪畔的潘氏农场

邻近彩虹农场的潘氏农场，同属绿农好友，为了不对环境造成负担，尤其是不污染灌溉水源，农场饲养鸭子的数量上限为1500只，野放位置仅限于四重溪下游。这里的鸭子幸福指数超级高！每天一大早，它们就引颈期盼着主人打开大门，让它们开开心心地往四重溪前进。它们一边走一边吃河畔的嫩草，抵达溪边后，就开始悠闲地享受自由活动时间，自顾自地洗澡、整理羽毛或寻觅小溪中的鱼虾与浮游生物。

潘氏农场完全不用给鸭子打抗生素，而是凭借优良的饲养环境让鸭子产出最上等的鸭蛋。这里的鸭蛋拥有着饱满的橘黄色蛋黄和晶莹剔透的果冻蛋白，有"红仁鸭蛋"的美称。潘氏农场善用当地不利耕种但有丰富矿物质的红土、天然且有高温杀菌效果的温泉水，加入盐拌成泥浆来包裹鸭蛋，这样腌渍25天至1个月后以古法柴烧蒸熟。这样做出来的咸鸭蛋口感Q弹、香气浓郁，且不会太咸，其让人惊艳的风味，能彻底打破人们对咸鸭蛋的刻板印象。

←烧柴费工费时，但它独有的余温效果，会使咸蛋的水分缓缓收干，也让蛋白吃起来不会松垮，而是带有烟熏香气与Q弹口感

传承海盐文化的黑猫姐

　　后湾是个纯朴的小村落，你也许知道它是陆蟹重要的栖居地，但你可能不知道，后湾曾经拥有着代代传承的海盐文化。后湾的海岸属于珊瑚礁岸，因海蚀作用自然形成了礁岩穴，海浪冲刷后在其中留下海水，在当地充足的日照下水分蒸发，这就形成咸度极高的盐卤。早期的后湾人会把这盐卤舀回家中继续晒干或炒干，以取出结晶的海盐。这些海盐无论是日常料理、腌渍酱菜，还是煮给猪吃的馊水都可以使用。但后来盐成为管制品，而后又有工业化生产精盐，后湾的海盐文化逐渐被人遗忘。好在10多年前回乡照顾父亲的黑猫姐，难舍记忆中帮妈妈炒海盐的往事，开始通过网络推广后湾海盐文化，并举办制盐体验会，希望更多人在忆起天然食材美味的同时，也更重视大自然的珍贵之处，思考环境保护的重要性。

跟着农夫吃
承袭古法手作的真滋味

Healthy eating!

朴实的农家饭菜，用的是自己耕种收获的大米、蔬菜，虽然简单，却是餐桌上最令人动容的美味。午饭后在汉鹏的带领下，我们拜访了后湾的黑猫姐，一块儿学习海盐制法，也享用了一次豆腐盛宴。

炒海盐

早期的后湾，家家户户都有属于自己的盐槽，用来储存到海边舀取的盐卤。舀回家后让它们自然日晒干燥，或者放入烧柴火的大灶锅中炒干。

食材

盐卤适量

做法

将舀回的盐卤放入铁锅中烧煮至水分蒸发、可见白色结晶时，用锅铲不断翻炒至水分收干即可。

真心好食材·盐卤

残留在珊瑚礁岩穴里的海水，只有够干净，表面才能结晶出盐花。当看到盐花时，就表示岩穴中的海水已经可以当作盐卤使用了。

盐卤豆腐

黑猫姐的盐卤豆腐使用非转基因黄豆制作而成，并加入少许黑豆增加风味，因此带有淡淡的墨绿色。可依个人喜好调整黄豆和黑豆比例。

食材

非转基因黄豆600克（可用黑豆替换部分黄豆）、水2500～3000毫升、盐卤50毫升内

做法

黄豆洗净，用冷水浸泡6小时，冬天则需延长至8小时。泡发后沥干水分，放入果汁机与水一起打匀，再倒入棉布挤出豆汁。将豆汁煮开，改小火持续搅拌，继续煮约15分钟，熄火，降温至80℃后冲入盐卤，用汤匙不断舀动让其结块，再将其舀入铺上棉布巾的豆腐模内，包好，盖上木模盖，压上重石挤除水分，静置15分钟左右即可。做好的盐卤豆腐吃起来有浓浓的豆香，且带有微微的海水咸味，即使是简单的干煎一下也很好吃。

黑糖豆花

豆花的做法其实几乎和豆腐一样，只是冲入盐卤之后不去搅动它。放入盐卤的豆花咸香可口，味道非常特别。

🥘 食材
非转基因黄豆600克（可用黑豆替换部分黄豆）、水2500～3000毫升、盐卤50毫升内、黑糖浆适量

🍳 做法
黄豆洗净，用冷水浸泡6小时，冬天则需延长至8小时。泡发后沥干水分，放入果汁机与水一起打匀，再倒入棉布挤出豆汁。将豆汁煮开，改小火持续搅拌，继续煮约15分钟，熄火，降温至80℃后冲入盐卤，静置5～10分钟左右，至豆花凝固即可舀取搭配黑糖浆食用（黑糖浆可以自己煮，只要把黑糖放入干锅炒香，再倒入适量的水煮开成浓稠状即可）。

豆渣煎饼

制作豆花或者豆腐时，残留的豆渣可别轻易丢弃，它可以加入很多料理中一起食用。这里黑猫姐就示范了最简单的豆渣煎饼。

🥘 食材
豆渣适量、糖适量、面粉适量

🍳 做法
取适量的豆渣、糖和面粉搅拌均匀成团，面粉和豆渣比例没有绝对，只要能搓成团就可以，糖的多少则可视个人喜爱的甜度调整（用二砂糖或者黑糖做的煎饼会比较香）。将材料揉匀后，取小块搓圆压扁，放入锅中用中小火煎熟上色即可。

文／萧歆仪　摄影／王正毅

16 花莲／东华有机专区

共爱土地，集区式的有机农法

　　志学村位于木瓜溪上游，被奇莱山与中央山脉包围。10年前农民承租下这片土地，让多处农场"集区式"聚集相连，农友间彼此良性影响，以有机农法在80公顷的土地上，种植有益环境、人体的果蔬，展现团结力量大的新农作为。

团结力量大的集区式运作

10多年前，在"东华有机专区"尚未做起来之前，由在此的第一处"伍佰户"林小姐发起倡议，希望聚集附近农户们的力量，改用有机方式种植作物。于是，大家开始自发地学习无毒有机课程，先到花莲农改场，后来到农业试验所、毒物试验所、中兴大学、台湾大学等各地改良场上课，并经由花莲农改场协助，终于在务农3年之后逐渐稳定下来，慢慢地进入集区式的规模。东华有机专区在鲤鱼山下，水源来自荖溪简易自来水厂，而鲤鱼潭则在山的另一侧，这里被群山包围，有着先天的半屏障优势，没有工厂，近郊也无污染源，因此水质、空气都是一等一的好。

和"伍佰户"林小姐同为乐农伙伴的陈文富班长，就是在"伍佰户"的良性影响下，从惯行农法转做有机的例子之一。陈班长带着我们到田里一探作物的面貌。我们看到近3万平方米的土地上，相当有次序地种植着不同的作物，同时也有多个温室来保护娇弱易害病的部分蔬菜。陈班长说，志学村这块地属沙质土壤，特别适合种瓜果与根茎类作物，说着说着，他就到田里挖了一堆马铃薯给我们看。这儿的马铃薯皮薄且口感松软香，就是因为有机种植的缘故。要在面积如此广的地方做有机栽培，需要时间等待，也尽可能不施加防治剂，就连玉米及胡萝卜、龙须菜这类已基本适应有机栽种环境的作物（但小叶菜及十字花科、瓜果等，仍需视天气施加防治剂），也需要特别注意土里的氮、磷、钾是否均衡，因此施有机肥或用残叶落果做堆肥时，常常要做很多调整。

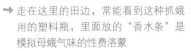

土地上的自然生态，环颈雉、野兔与山猪

想要种出来的作物好，首先要建立良好的生态环境，土壤健康了，生物链出现了，自然会有生生不息的正向循环。

陈班长说，这里无隔离带，也不会为了作物长得好而恣意赶鸟，基本上还是希望动物邻居来丰富这里的生态，像环颈雉、野兔，甚至山猪都会下山来吃他们的蔬菜作物，就连乌头翁也会来吃西兰花，且"食力"惊人。

→ 走在这里的田边，常能看到这种抓蛾用的塑料瓶，里面放的"香水条"是模拟母蛾气味的性费洛蒙

←用自然方式施肥或让作物与虫子共
处，如此作物才会呈现该有的滋味与
营养

东华有机专区里，常见的作物有荞麦、小麦、叶菜类时蔬，北区则有瓜、果、豆，其他还有柠檬、凤梨、番石榴等多种水果，近来还有退休的新移民来此参与当农友，准备在靠近山边的地方，用自然生态的水池养莲藕。这里的农民们对于友善种植的研究非常认真，他们与农改场合作，用物理防治代替农药喷洒，譬如用性费洛蒙模拟母蛾的气味来吸引、捕捉不同种类的蛾。

除此之外，采用"混种"方式，交错种植不同作物，因为植物散发出的气味不同，这样可混淆昆虫对气味的辨认，降低病虫害；同时，每种作物含有的微量元素和排放至土壤中的物质也不一样，借此可调和土壤，更可成功克服"连作障碍"。

和农友们走在田间，不时还可看到用自制堆肥、碳化稻谷来增加土壤里的钾及其他微量元素的农友。陈班长说，有机作物的生长时间较长，土壤含氧量高会让植物努力向下扎根，而采用惯行农法种植的作物的根是往两边分散的，根浅得一眼就能分辨。

眼睛和嘴巴，决定入口食物的好坏

专区里的蔬果生气盎然，农友们辛苦种植，不仅仅将它们当作收入来源，更希望通过自己的作物，重新建立消费者的饮食观。

"伍佰户"林小姐说，有机蔬果外貌并非又美又大枚，反而常常有虫咬的洞或表面粗糙，但一般人常"用眼睛"来吃食物，而非用"嘴巴"来品尝。她进而分享亲身经历的故事，她之前请朋友分别吃市售与自种的枇杷，一个个头大又漂亮，一个较小且外表其貌不扬，朋友凭直觉先选择了美美的市售枇杷，再吃她自种的，却意外发现后者的味道、水分竟胜过先前选的市售枇杷。

"美丽的背后总有代价"，其貌不扬者的口感不见得比外表漂亮的差，至少其种植过程是经过了自然考验的，营养也是这样生成的。像这里的B级马铃薯就是台湾东华大学里绿色厨房的最爱，东华大学已与他们定期合作两年，那里的学生们也能吃到本地安心蔬菜。

陈班长与他的农友告诉我们，植物要在日照充足、有完整生态链的环境中生长，晒太阳能使作物代谢硝酸盐，土壤里的上亿微生物能使蔬菜纤维结实，这种种好处能让果蔬滋味更好，而且含水量高，冰冻储存能比惯行农法种植的放得更久。此外，为了实行可持续农业，大家一直试作不同作物，因为种的作物多样化，它们就会散发出不同的芬多精，这样作物的味道就会更加丰富。

◄陈班长笑说，他们的马铃薯很可爱，大小和鸡蛋差不多。他还采了青椒等不同的蔬果给我们尝，都是即摘即食的安心菜

田间
自然课

为生存而进化的瓜果生命力

　　"伍佰户"的温室约占两分地、网室约三公顷，分别种了苦瓜和十字花科蔬菜（温室）、玉米（露天及网室）。其中种在网室里的南瓜和冬瓜很有意思，木瓜型南瓜竟是棚架吊挂栽种的，看起来沉甸甸的南瓜靠着瓜蒂稳住，有的可长到9公斤都不落地。这样种南瓜的好处是能让其表面日照均匀，整枚色泽好看；而细细长长垂在枝叶间的，是南瓜的气根，这是植物为吸收空气中的氮肥而长的。而夏天种的冬瓜，也是吊挂栽种，10多公斤重的冬瓜也不落地，这是因为作物本身有适地而生的韧性，为了生存，瓜蒂韧度会一年比一年大，这让当初试种的林小姐也惊叹不已。

　　到另一处种菜、种凤梨的地方，林小姐说他们是草生栽培凤梨，种两年才能收一次。这里看起来不适合种凤梨的土质，种出来的凤梨却十分好吃。好奇的她拿土壤去检验，发现是碱性的，原来将环境调节到最佳状态，种出来的作物自然就有好味道。而网室里的蔬菜，也和杂草们是好朋友，农友对应不同的蔬菜来种不同的杂草，因为杂草能够分散土壤里的水分，所以他们特意将畦做高一点，可帮助水往下流得更快。

乐 农 好 友

We are farmers!

为维护生态平衡合力当农夫

　　来东华有机专区当农夫的人日渐增多，有的是从外市县来的年轻夫妇，有的是花莲当地人，也有的是退休族。

　　针对这些新农力，有机专区的前辈们都热心教导、分享务农经验，像经营纯青农场的萧旭阳、明淳有机农场的陈文富、康莹梅夫妇等，他们和"伍佰户"林小姐一样，都是大家的好前辈。到了参访日，正有一批新农友来此开会、商讨学习，希望日后来此加入有机务农的阵容。

　　到此住了一阵子的新农友黄少宏先生，先前在3M公司服务20多年，后来与太太来这里当新手农夫，学习田怎么建、水如何引、每种作物如何种等，并在这里的前辈们的传授下，积极学习有机农场的重新改造。虽然与之前的工作形态不同，黄先生做起农夫来却也有模有样。凭着和本地农友们对土地的共同认识及希望维护生态平衡的理念，他对人生有了另一层认识，也确立了新的人生方向。

　　除了新农夫，也有不同年纪的学生来学习。播种、收成、除草、包装、出货等每项做农夫得学的事情，林小姐都细心教导，她希望他们了解，原来我们每日所食得经过这么多努力用心的程序才能到餐桌上。新农夫与本地农夫带活了这块净土，让这里的生态、生活都如此美好、有活力，或许，一位农夫做每件事都比一般人想得更长远。

↓新农夫黄文宏先生的莲藕池里，只稍稍架了几条线赶鸟。他与当地农夫一样，以不破坏生态的方式友善务农

跟着农夫吃
用电锅就能做的农家好味

Healthy eating!

食材好，即使简单煮也无比美味。林小姐教大家用电锅就能做的农家料理，不管是对上班族还是对住外面的学生都很适用。

盐味蒸薯

　　皮薄又口感松软的有机马铃薯，就算只是蒸一下，就非常好吃！即便是B级品，其营养价值和浓郁的薯味也绝不扣分，而且带有淡淡的玉米香味。

食材

小有机马铃薯数枚、盐少许、黑胡椒少许、水1杯

做法

　　将小有机马铃薯全部洗净，大同电锅外锅放1杯水，带皮放入大同电锅蒸。蒸好的马铃薯请沾盐或黑胡椒后直接品尝，进阶吃法则是压碎马铃薯再抹盐烤一下。

真心好食材·马铃薯

　　由于东华有机专区的沙质土很适合根茎类蔬菜生长，所种出来的马铃薯、胡萝卜、白萝卜等都超级好吃！特薄外皮是这里马铃薯的特色，带皮一起吃才有完整的营养哦。

盐味拌鲜蔬

单用滚水烫和电锅蒸，再加一点点简单的调味料，就能带出蔬菜完整的鲜甜与脆度。上班族女性或租房族务必试试这道菜。

食材

有机卷心菜1/4枚、有机小胡萝卜数根、葵花油少许、盐少许、水适量

做法

上述蔬菜或其他喜欢的时蔬洗净剥叶后（绿叶留下），放入滚水锅中汆烫一下就捞起。接着放到电锅的内锅中蒸，待电锅开关跳起，放点葵花油、少许盐，拌好即可。

文／萧歆仪　摄影／王正毅

17 花莲／欧根力有机农场

与国际志工一同下田的漂鸟农夫

在花莲奇莱山下，有一群年轻人因为对农业、环境的重视，开始种起有益土地的作物，他们下田种菜，还做健康料理，并与国际志工一同务农。借由有机农作，这群人努力串起消费者与生产者之间的联系，建立起社区协力农业，推广爱地球的饮食观。

图片提供/欧根力

结合土地、生活和天然食的新农观念

新一代农夫务农，再也不是埋头苦耕，他们常常会结合土地、生活和天然食物，化为一种友善环境的观念，希望深入影响身旁的人与消费者端。在花莲志学，就有一群新农夫，他们个个是年轻脸孔，却种蔬菜瓜果、花草野菜，养鸡养鹅，供应自己生活之余，更是成立了农场，提倡有机饮食，用农作唤起了大家爱护环境的意识。

这些年轻人成立的农场在志学村里。这片净土正对奇莱山，我们到访当日碰巧结束连日多雨，阳光耀眼间可看到奇莱山头仍白雪皑皑。一下车，就看到农舍旁边晒了不少萝卜干，那都是农场的重要女力Nico早上刚晒出来的。Nico来自马来西亚，是年仅26岁的新农夫，之前在慈济大学念书，后来结识了李大哥和其他一些朋友，于是在此落脚，过起了农乐生活。农场里共有6位小伙伴，他们筑农舍、种蔬果、自己育苗，还将时蔬做成各种腌渍食物保存，近来更是着力于有机饮食的研制。

小伙伴们一同在此当农夫，为的是实现永续农业，并拉近消费者与生产者之间的距离，让大家了解食物不只是食物，其实还涉及与环境有关的许多方面。因为Nico曾有过担任国际志工的不少经验，所以通过WWOOF组织联系起来的一些有相同理念的外国人，他们也来此，亲手种植，亲历农务，进而了解食物与土地的关系。

注：WWOOF起源于英国，是协助有机农场生产有机作物的国际性组织。加入此组织的志工，会被推荐到不同的农场，志工提供短暂的劳力、由农场主人提供食宿（无金钱交易，故不支付酬劳），一同完成有机栽培、体验农场生活。

活化老田再生，贴近自然的农耕法

农场面积约有6.6公顷，其中4公顷用来种植，除了种叶类菜、根茎类菜、瓜果、稻米等基础作物，还有许多本土原生野菜、外国料理中常用到的香料植物，像是香兰、咖喱叶、翼豆、栉瓜等。农场承租了多位退休老农的土地，活化、整理这些休耕10多年的老田来种新作物。邻近不少友好的土地所有者或居民，也因为认同农场小伙伴的理念及做法，把土地交给他们代为耕作，种植面积变大后，作物越来越多。

目前全年约种有80多种作物，有时一个月就达30多种，大家边做边摸索，坚持持续、少量、多样的种植方式，以丰富整块农地。所以我们在农场里能看到许多种新鲜莴苣，像是鹿角莴苣、皱叶莴苣等，还有可爱的日本圆茄；农场里的水果也长得相当不错，像是柠檬、香蕉、番石榴、木瓜、百香果等，甚至有大小与手指差不多的美人蕉。

农场的种植都是自己做，另外他们还搭了农舍、鸡舍、温室，未来还要做一条绿色隧道，并增加一些温室来种蔬菜。植物们"吃"的不是化肥、农药，而是自制液肥和蔬菜残叶堆肥。平日用小型机器人工耕田松土，让有机质全进到土里去，每年还要对田地大整一次，让土壤能维持在最佳的状态。

↑原本此处是河床地，耕作前经过人工搬运捡拾、拣出较大的石块，以避免影响植物生长；而大石块后来还被大家堆砌成漂亮的石砌矮墙

从产地到餐桌，采鲜蔬，自制面包、酸奶

农场小伙伴们种的作物，就是自己的日常食材，大家习惯了吃简单蔬食，因为觉得食材还是原味最迷人。平日三餐没有肉类，顶多是用放养的鸡、鸭、鹅所生的新鲜蛋入菜，丰富料理。

有趣的是，农场里的伙伴们，除了很会种菜，还会做面包，特别是农场负责人李大哥，做面包最有心得也最有经验。面包采用天然酵母，需经过10多个小时耐心发酵；佐餐用的酸奶也是自己做的，用一杯原味优酪乳搭上一升鲜奶，放进大同电锅里保温，就能变成酸奶，之后可以再搭上自家的水果变化滋味。

即使无肉，只吃有机蔬菜，伙伴们也能每天精神奕奕地下田工作，所以他们将这种天然饮食观念传递给消费者们，忠实地呈现在他们后来成立的有机餐厅中。

田间自然课

葱与番茄间种，驱虫保健康

在户外种番茄要克服许多困难，才能收成丰富，因为番茄病虫害多，做有机只能用生物防治，与病、虫争果，非常辛苦。除了病虫害，番茄怕太冷太热也怕水，过高或过低的温度都会让番茄提早开花，而多雨则会积水在枝节上，一沾水就容易受感染。李大哥告诉我们，需经常为番茄修枝、剪枝，减少多余枝叶，让生长环境通风良好、减少病虫害，今天刚好结束前几天的雨水天气，得加快手脚将很多排番茄都修枝整理一番。

为了让番茄在户外好好成长，李大哥还在小地方下了点功夫，用绳线和带子固定主要茎干的部分，或在番茄与番茄间种葱，利用虫子们不喜欢的味道，避免它们靠近。除了病虫害，鸟类也常来光临，麻雀、雉鸡都会跑来吃蔬菜、挖地瓜、啄水果，防不胜防，因此能吃到顺利采收、命大存活的蔬果们，真是件不简单且让人无比感恩的事。

乐农好友

We are farmers!

捍卫粮食正义，呼朋引伴传递田间美好

农场的小伙伴们在来这里之前，都没有务农背景，为了从农才纷纷跑去上课，如今农场的每位小伙伴都已是称职的专业农夫。

原本从事室内设计的李大哥说，自己先前的生活与这里完全不同，来到这里后，才渐渐体会到何谓真正的生活品质，何谓无欲简单，何谓健康充实的日子。看着小伙伴们共同成长，他笑说，现在他们每一位都是能独当一面的全方位农夫了。

　　像Nico，就是一位很有国际眼光的新农夫，为农场接待了许多国外志工。来此参加务农的人，不仅年龄差距大，国籍也众多，他们很多来自日本、英国、美国、澳大利亚等国家。当然也有些是台湾志工。我们去的当日，下田的农夫包括退休后的品管工程师、正准备环岛游的研究所学生等，虽说他们只是来当志工帮忙，但李大哥说他们比一般雇员还认真，有的人钻研农业知识甚至不输给专职农夫。

　　Nico带着我们一边了解农场，一边说这一路走来大家受到农改场、农粮署的不少帮忙，将来会把这个地方定位为生产性农场，致力于推动社区协力农业、农务体验，继续延伸手上所做的事。原来，自给自足并不只是件单为自己温饱的事，而是能聚拢更多的人，彼此互助支持、分享成长的快乐事。

↑从农场就可望见绵延的奇莱山、中央山脉，这里的水清澈见底，但也因为地广无遮蔽，特别怕台风和久雨

跟着农夫吃
西式烹调的农夫料理

　　农场里唯一的女生Nico，没有上过料理课却手艺绝佳，今天要将农作物做成西餐，有配料丰富的法式蔬菜咸蛋糕、鲜摘蔬果做的沙拉、味道浓郁营养丰富的菠菜浓汤……没有肉类也能吃得满足、丰盛。

意大利瓜沙拉佐百香果酸奶

不妨用意大利瓜和多种莴苣来做这道沙拉看看，简简
单单就能尝到鲜蔬原味，淋上市售或自制的原味酸奶再
拌入百香果，浓浓的果香四溢，而且健康。

食材

意大利瓜1条、鹿角莴
苣1把、绿萝蔓1把、
紫莴苣1把、百香果1
枚、原味酸奶1瓶

做法

将上述蔬菜都洗净，撕成或切成适口大小
备用。取一个碗，倒入原味酸奶、新鲜百香果
浆，拌匀后淋在蔬菜上即可。若使用自制酸奶
会更佳，自制酸奶很简单，一杯原味优酪乳搭
上1升鲜奶，放进大同电锅里按保温（约50摄
氏度）即可，成品冷藏可放10天。

菠菜浓汤

用有机菠菜做的浓汤，既香浓又无菠菜特殊的味道，
温温热热地喝非常棒！喜欢坚果的人，建议加些杏仁片或
核桃在汤里，可增添香气与口感。

食材

菠菜数把、面粉适
量、奶油少许、黑胡
椒少许、盐少许、牛
奶适量、冷水适量

做法

菠菜洗净切碎，加点水打成汁备用。接着准备一
个锅子，放入面粉、奶油一起炒香成面糊，之后加冷
水煮开。再加入打好的菠菜汁和牛奶续煮，关火前，
加适量盐、黑胡椒调味，煮至开即可。

法式蔬菜咸蛋糕

可以一次吃到多样蔬菜营养的咸蛋糕，Nico很推荐的清冰箱料
理，什么蔬菜都可以放进去拌，当早餐或下午茶都可以吃得满足。

食材

蘑菇数枚、洋葱半枚、甜椒1
枚、花椰菜1枚、菠菜2把、面
粉适量、蛋2枚、牛奶适量、
素火腿数片、橄榄油少许、帕
玛森起可少许

做法

将各种蔬菜洗净后切小段，取一平底
锅将洋葱、素火腿炒香后加入蔬菜炒熟，
加适量盐、黑胡椒粉调味，将炒好的蔬菜
馅料沥干放凉备用。取一大碗，将蛋、牛
奶、橄榄油搅拌均匀，加入过筛面粉，搅
拌至均匀无颗粒。将备好的蔬菜料、帕玛
森起司、半匙盐及适量黑胡椒加入面糊中
拌匀，倒入蛋糕模中，以180摄氏度上下
火，烤40分钟即可。

文／萧歆仪　摄影／王正毅

18 台东／池坡米香铁马驿站

自食其力的先住民乐农部落

　　在好山好水的池上乡，当地Amis（阿美族）在台九线上筑了一处稻草屋样貌的铁马驿站，由归乡的年轻族人发起，与家乡的Ina（阿美族语，意指"母亲"）们，用祖灵恩赐的本地农作结合族里的饮食文化，在此办起农务活动，推广慢食，是自食其力又热情的乐农部落。

乐天知命的Amis与本地农家

台九线上这处古法建造的稻草屋，是回乡的阿美族人潘信惠，号召熟识的Ina与附近的农家，一同创办、推广本地农作与饮食文化的聚集起源。为维护阿美族传统的美好、活络本地农业经济，多年前由都市返乡的潘大姐和Ina们，在池上乡先成立"阿美族部落文化协会"，后来又建了池坡米香铁马驿站，希望以此为基地，一方面推广饮食，二来呼喊更多新一代Amis回乡。

铁马驿站是Ina们的美味厨房，乐天又感情融洽的她们，每天都会聚在一起，将田中或山里采的食材，依照上一代传授的烹调法，做成一道道Amis孩子的思乡味。而这些好食材的来源，有的是潘大姐妈妈菜园里的安心菜、稻米，有的是Ina们、好友农家自种的各类果蔬野菜。好手艺的先住民阿嬷不仅用它们来做料理，也会手酿小米酒、梅子汤，或用米发酵做生腌猪肉，厨房里总有待你品尝的好味道。坐在上个世纪70年代的老屋里，望出去是在阳光下会闪闪发亮的成片稻浪，跟在厨房里忙进忙出的Ina聊天，其爽朗笑声总不绝于耳。上一辈口授的故事传讲不完，很懂得如何与土地共生的她们，是这里最忠实的守护者。

新旧传承，祖灵恩赐的土地食物

潘大姐非常积极地推动部落里的一切，祖灵赐给上一代的美好，她希望都尽量保留下来给新一代的阿美族人，包括这片土地与食物。多年前回到家乡，潘大姐就和理事长陈桂英、潘贵媚耆老，以及Ina好友们，以先住民料理为努力的方向，决定从阿美族历史中去芜存菁，保留属于他们的饮食文化。

"只要阿美族走过的地方，其他族的人只有在后面挨饿的份。"大姐笑称阿美族人很会吃，山里采的、田里摘的、地上爬的、天上飞的、水里游的，无一不吃，因此也造就了族人们能随采现煮的好手艺。

为了让更多来此的人吃到好食材与先住民料理、体验先住民生活，潘大姐常想方设法让农家与族人合作，办下田农务体验、先住民料理飨宴等，也尽量以爱护自然的方式种植，希望大家来此吃到的是安心和原味。和Amis妈妈们聊天，总可以从谈话间感受到她们非常珍惜这片土地——除了至今仍春秋两季不捕溪鱼外，更抱着给自家人吃的心情下田耕种。此外，她们仍遵循前人的饮食习惯，用木桶蒸手抓饭，自制酵母酒饼做小米酒，春夏之际用梅子制成各式各样的腌梅或梅子汤等，这些生活中的好智慧都源自她们对土地的感激之情。

←Ina们除了用本地食材做成"猎人便当"，还会用芭蕉叶盛装一份份小食，做成先住民风味的地道飨宴

田间自然课

吃黑糖和养乐多长大的"丑美人"

跟着潘大姐的妈妈到她的田里，身手利落的潘妈妈带着我们走田梗，以看看池上米是怎么种出来的。这块田是潘大姐的自家田，一直以来是她爸爸在照顾，种的是俗称"丑美人"的台梗139。在能够看到中央山脉的绝景下，绿色稻浪随风摇曳，远远地还能看到火车经过，空气也十分洁净。

像走灶脚（注：闽南语中灶脚为厨房之意，走灶脚即为很熟悉某处）一样轻松自然，潘妈妈赤脚就踏入田中，她说，我们家的稻谷吃得很营养哦，我们会用黑糖、养乐多、优酪乳混合来喂它们，所以做出来的手抓饭味道才这么好，又Q又香。

乐农好友

We are farmers!

↑种梅子和枇杷的地方，潘大姐说之后会做成一处果园与民宿相连的区域，让更多人能来池上走走看看

安心吃！Amis妈妈的菜园、开心果园

除了自家稻田，潘妈妈还有一处秘密基地，种了许多野菜、水果和先住民料理中常见的香料，比如味似胡椒的马告，龙葵、野苋菜、山苏、地瓜叶等各样野菜，也栽了牧草、水果玉米和根茎类作物。因为种植方式天然，作物种类繁多，这里就像是个野蔬宝库，而且跟着有智慧的Amis妈妈边走边学，既有趣又开心！

潘大姐说，这里的地，有些是客人们认租的地，平时帮他们照顾、种些蔬菜，偶尔他们回来池上时，就会自己下田做简单农务，感受土地里的美好气氛。

不只是潘妈妈，池坡米香铁马驿站里的其他阿嬷、妈妈们，都有自家菜园，可能就在家附近或山上，里面栽种了不同的作物，有的甚至还养了牛。"妈妈菜园"里的野

菜种类之多，细数不完，想吃什么就自己种，而且皆以自然的方式种植，吃起来特别安心。

潘大姐还带我们去看她朋友在山上种的梅子、枇杷、时蔬野菜等。这些用自然农法种的梅子、枇杷都正值结果期，虽没有过度的养护照顾，却都长得非常好。潘大姐告诉我们，这些都是十几年的梅树了，再过几个月就能采收做腌梅。在另一处的山头，有的老梅树结的果子不仅大，腌渍起来味道也特别好。

大姐的友人一边引我们看梅园，一边随兴地摘了一些晚餐可用的蔬菜。这里蔬菜遍布梅树四周，生活食材随处可得。阿美族人的饮食、生活和土地是如此密切相连，大地仿佛就是他们的母亲，供应所有的一切，造就其幸福的源头，所以他们对土地的深厚感情就像家人一般，不可或缺。

↑↓土地是Amis的朋友、母亲，是一切生活的源头

跟着农夫吃
先住民孩子思念的山珍野味

Healthy eating!

　　Amis阿嬷们最懂得原味烹调土地所孕育出来的好食材，上一代传给她们的料理，每一道都极有特色，最能发挥出食材该有的味道。

手抓饭

地瓜丝和池上米一起做成手抓饭。阿嬷们说，吃之前要先放手心一直捏，让米饭产生黏性，才会有近似麻薯的Q弹口感。

🥘 食材
池上米1斤、地瓜2个、水适量

🍳 做法
先将米洗净备用，地瓜洗净刨成丝，食材加水一同放在底部有透气孔设计的木桶里。接着，备一个装有开水的锅，将木桶放入锅中，待饭煮熟即可。

咸蛋苦瓜

来自海岸山脉的山苦瓜，特别选用个头小小的入菜，不用切块，直接和着捣碎的咸蛋一块儿炒，滋味特别好。

🥘 食材
小的山苦瓜数枚、蒜头数瓣、咸蛋1枚、油适量、盐少许

🍳 做法
在锅里倒点油，加入切碎的蒜头爆香。接着将咸蛋捣碎拌炒，再放入洗净的山苦瓜一起炒，最后加点盐调味即可起锅。

真心好食材·野生山苦瓜

野生山苦瓜的果面瘤皱比一般苦瓜更突出明显、结实。其表面突点如果越细密、颜色越深，苦味就会越浓。

腌生猪肉

　　腌生猪肉是先住民阿嬷、妈妈们都会的必备料理，即用饭、盐腌制生猪肉直到其变为白色。可直接吃，亦可煎得金黄来吃，都很美味。

食材
五花猪肉1条、饭适量、盐适量

做法
　　先将五花肉洗净、挑去杂毛，自然风干1至2小时，确认没水分之后，再撒盐搓揉，腌3至5天。接着取一瓮，放入腌好的猪肉，同饭和盐一起发酵一个月，待肉变成白色即可食用。

原味薯条&地瓜球

　　阿嬷们会用池上米制成口感Q弹又有浓浓米香的原味"薯条"，再用配搭黄地瓜、紫地瓜做成小枚地瓜球，给孩子们当日常点心。

食材
糯米适量、蒸好米饭适量、黄地瓜数小条、紫地瓜数小条、油适量

做法
　　洗净糯米，泡一晚后磨成浆并沥掉水，留下浆块备用。将蒸好的米饭与浆块揉一起（份量1:1），切或捏成长条状，黄、紫地瓜也与浆块揉搓均匀（份量1:1），搓成小球状。最后将做好的薯条、地瓜球入油锅炸至表面微脆即可捞起。

真心好食材·紫地瓜

　　新鲜的有机紫地瓜是早上才挖出来的，口感比一般地瓜Q弹些，其含有丰富维生素及磷、铁等微量元素，为补血、抗疲劳的好食材。

拜访农夫！到产地，认识他们的生活、土地与作物

★☆三★三★三★☆三★三★☆三★☆三★三★☆三★三★☆三★三★三★☆三★三★三★☆三★三★☆三★三★三★☆三★三★三★☆三★三★三★☆三★三★☆

桃园/高原有机村
云陵有机农场 / 0933-079-311
蔬活有机农场 / 0933-008-975

桃园/嘎色闹有机共同农场
0976-450-313

苗栗/回乡有机农场
0931-473-533

苗栗/龙洞有机村
返朴归真有机农场 / 0972-054-285
幸福有机农园 / 0937-089-082
多多龙有机农园 / 0916-727-128

苗栗/里山塾
里山工作室 / 037-745-200

南投/安安有机农场
0933-474-030 / 0928-998-628

南投/好命靓农庄
049-2891-163 / 0983-055-131

彰化/溪州尚水
04-889-1262

云林/大沟果菜生产合作社
0933-526-992

台南/友善大地有机联盟
0956-875-678

屏东/彩虹农场
08-737-0922

宜兰/俩佰甲
青松米东俱乐部 / 03-923-3914
有田有米工作室．吴佳玲 / 0987-762-621
小间书菜 & 小间米 / 03-922-0781

宜兰/南澳自然村
南澳自然田 / 03-998-2183
南澳阿聪自然田 / 0963-387-507
好粮食堂 / 03-998-1338、0919-117-273

花莲/罗山有机村
月荷塘乡居民宿 / 03-8821811
梁妈妈罗山村体验农家 / 0921-862-971
玉竹轩-温妈妈火山豆腐 / 0930-791-822

花莲/东华有机专区
伍佰户有机农场 / 0937-860-619
东华有机农产 / 0918-795-488
纯青农场 / 0988-328-389

花莲/欧根力有机农场
0915-286-080

台东/池坡米香铁马驿站
0912-211-679

台东/美地有机农园
0911-170-341

简单却满足，心头和肩头都收获满满……
日落而息……回归田园的生活，

图书在版编目（ＣＩＰ）数据

住在田中央！农夫、土地与他们的自给自足餐桌 /好吃编辑部编著.
-- 长沙 ：湖南科学技术出版社，2016.10
ISBN 978-7-5357-8877-1

Ⅰ．①住… Ⅱ．①好… Ⅲ．①绿色农业－经验－台湾
省②食谱－台湾省 Ⅳ．①F327.58②TS972.142.58

中国版本图书馆 CIP 数据核字(2015)第 311844 号

ZHU ZAI TIAN ZHONGYANG!
NONGFU、TUDI YU TAMEN DE ZIJIZIZU CANZHUO
住在田中央！农夫、土地与他们的自给自足餐桌

编　著：好吃编辑部
责任编辑：杨　旻　李　霞　周　洋
出版发行：湖南科学技术出版社
社　　址：长沙市湘雅路 276 号
　　　　　http://www.hnstp.com
湖南科学技术出版社天猫旗舰店网址：
　　　　　http://hnkjcbs.tmall.com
邮购联系：本社直销科 0731-84375808
印　　刷：长沙市雅高彩印有限公司
　　　　　（印装质量问题请直接与本厂联系）
厂　　址：长沙市开福区德雅路 1246 号
邮　　编：410008
版　　次：2016 年 10 月第 1 版第 1 次
开　　本：710mm×1000mm　1/16
印　　张：13
书　　号：ISBN 978-7-5357-8877-1
定　　价：48.00 元